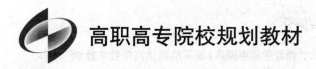

高职高专院校规划教材

主　编　于莉琦
副主编　安　东
参　编　何改平

高等数学练习册

哈尔滨工业大学出版社

内容简介

本书是根据教育部《高职高专教育高等数学课教学基本要求》编写的辅助高等数学教学的练习册。根据编者的经验,练习题的配置在体现知识点的同时更注重突出知识的应用性,体现了新形势下教材改革的精神。

全书共分 10 章,第 1 章函数极限及连续;第 2 章导数与微分;第 3 章导数的应用;第 4 章不定积分;第 5 章微分方程;第 6 章定积分;第 7 章定积分的应用;第 8 章空间解析几何;第 9 章多元函数微积分学;第 10 章无穷级数。

本书可作为高职高专院校高等数学学习的辅导教材。

图书在版编目(CIP)数据

高等数学练习册/于莉琦主编. —哈尔滨:哈尔滨工业大学出版社,2013.6(2016.7 重印)
ISBN 978－7－5603－4132－3

Ⅰ.①高… Ⅱ.①于… Ⅲ.①高等数学－高等职业教育－习题集 Ⅳ.①O13－44

中国版本图书馆 CIP 数据核字(2013)第 134235 号

策划编辑	杜　燕　赵文斌	
责任编辑	杜　燕　何波玲	
出版发行	哈尔滨工业大学出版社	
社　　址	哈尔滨市南岗区复华四道街 10 号　邮编 150006	
传　　真	0451－86414749	
网　　址	http://hitpress.hit.edu.cn	
印　　刷	黑龙江艺德印刷有限责任公司	
开　　本	787mm×1092mm　1/16　印张 8.5　字数 195 千字	
版　　次	2013 年 6 月第 1 版　2016 年 7 月第 2 次印刷	
书　　号	ISBN 978－7－5603－4132－3	
定　　价	23.80 元	

(如因印装质量问题影响阅读,我社负责调换)

前　言

　　本书根据教育部的相关要求，结合现代高等职业技术教育的办学理念，充分考虑到高职高专学生的特点以及不同专业课程的需要，并结合编者多年的教学经验编写而成。

　　该书的编写意在体现教学内容的应用性，培养学生利用高等数学解决专业实际问题的能力，希望借此激发学生学习的积极性与主动性。

　　本书由黑龙江东方学院于莉琦担任主编，西安外事学院安东为副主编，西安外事学院何改平参编。本书共10章，其中第1～5章及期末测试题由于莉琦编写；第6～10章由安东编写；何改平老师对书稿的整理和校对做了相应的工作。本书在编写过程中得到了哈尔滨工业大学秦有圣教授的帮助，为本书的编写提出了很多宝贵意见，在此表示感谢！

　　由于作者水平有限，书中难免存在疏漏和不妥之处，敬请广大师生不吝指正。

编　者

2013年2月

目 录

第1章 函数极限与连续 ... 1
- 1.1 函数 ... 1
- 1.2 极限的概念及运算法则 ... 4
- 1.3 无穷小量 ... 7
- 1.4 函数的连续性 ... 9
- 本章测试题 ... 12

第2章 导数与微分 ... 14
- 2.1 导数的概念 ... 14
- 2.2 导数的基本公式与运算法则 ... 17
- 2.3 隐函数的导数及由参数方程所确定的函数的导数 ... 19
- 2.4 高阶导数 ... 21
- 2.5 函数的微分 ... 23
- 本章测试题 ... 26

第3章 导数的应用 ... 28
- 3.1 微分中值定理及洛必达法则 ... 28
- 3.2 导数在判断函数单调性中的应用 ... 30
- 3.3 导数在求函数极值、最值中的应用 ... 32
- 3.4 曲线的凹凸性及其拐点 ... 36
- 3.5 曲率 ... 38
- 本章测试题 ... 40

第4章 不定积分 ... 43
- 4.1 不定积分的概念和性质 ... 43
- 4.2 换元积分法 ... 45
- 4.3 分部积分法 ... 49
- 本章测试题 ... 51

第5章 微分方程 ... 54
- 5.1 微分方程的基本概念 ... 54
- 5.2 一阶微分方程 ... 56
- 5.3 二阶微分方程 ... 59
- 本章测试题 ... 62

第 6 章　定积分 ······ 64
6.1　定积分的概念与性质 ······ 64
6.2　微积分的基本公式 ······ 66
6.3　定积分的换元法、分部积分法 ······ 69
6.4　反常积分 ······ 72
本章测试题 ······ 74

第 7 章　定积分的应用 ······ 76
本章测试题 ······ 78

第 8 章　空间解析几何 ······ 81
8.1　向量代数、空间直角坐标系及向量的坐标表示 ······ 81
8.2　向量的数量积与向量积 ······ 83
8.3　平面及其方程 ······ 86
8.4　空间直线及其方程 ······ 88
8.5　几种常见的空间曲面 ······ 91
本章测试题 ······ 93

第 9 章　多元函数微积分学 ······ 96
9.1　二元函数 ······ 96
9.2　偏导数 ······ 98
9.3　全微分 ······ 101
9.4　复合函数与隐函数的微分法 ······ 103
9.5　二元函数的极值 ······ 105
9.6　二重积分 ······ 108
本章测试题 ······ 111

第 10 章　无穷级数 ······ 115
10.1　数项级数及其敛散性的判别法 ······ 115
10.2　幂级数 ······ 120
本章测试题 ······ 123

期末试卷 ······ 126

第1章 函数极限与连续

1.1 函 数

内容要点

1. 函数的概念:函数是描述变量间相互依赖关系的一种数学模型.
2. 函数的定义、函数的图形、函数的表示法.
3. 函数关系的建立:为解决实际应用问题,首先要将该问题量化,从而建立起该问题的数学模型,即建立函数关系.
4. 函数特性:函数的有界性;函数的单调性;函数的奇偶性;函数的周期性.
5. 反函数:在同一个坐标平面内,直接函数 $y=f(x)$ 和反函数 $y=\varphi(x)$ 的图形关于直线 $y=x$ 是对称的.
6. 基本初等函数:幂函数;指数函数;对数函数;三角函数;反三角函数.
7. 复合函数的概念
8. 初等函数:由常数和基本初等函数经过有限次四则运算和有限次的函数复合步骤所构成的并可用一个式子表示的函数,称为初等函数. 初等函数的基本特征:在函数有定义的区间内初等函数的图形是不间断的.

典型例题

例1 求函数 $y=\dfrac{1}{1-x^2}+\sqrt{x+2}$ 的定义域.

解 $\begin{cases} 1-x^2 \neq 0 \\ x+2 \geq 0 \end{cases} \Rightarrow \begin{cases} x \neq \pm 1 \\ x \geq -2 \end{cases}$

所以 $D=[-2,-1)\cup(-1,1)\cup(1,+\infty)$

例2 某运输公司规定货物的吨公里运价为:在 a 公里以内,每公里 k 元,超过部分公里为 $\dfrac{4}{5}k$ 元. 求运价 m 和里程 s 之间的函数关系.

解 根据题意可列出函数关系

$$m=\begin{cases} ks, & 0<s\leq a \\ ka+\dfrac{4}{5}k(s-a), & s>a \end{cases}$$

这里运价 m 和里程 s 的函数关系是用分段函数表示的,定义域为 $(0,+\infty)$.

例3 将下列函数分解成基本初等函数的复合.

(1) $y = \sqrt{\ln \sin^2 x}$；　(2) $y = e^{\arctan x^2}$；　(3) $y = \cos^2 \ln(2 + \sqrt{1+x^2})$.

解 (1) $y = \sqrt{\ln \sin^2 x}$ 是由 $y = \sqrt{u}, u = \ln v, v = w^2, w = \sin x$ 4个函数复合而成；

(2) $y = e^{\arctan x^2}$ 是由 $y = e^u, u = \arctan v, v = x^2$ 3个函数复合而成；

(3) $y = \cos^2 \ln(2 + \sqrt{1+x^2})$ 是由 $y = u^2, u = \cos v, v = \ln w, w = 2 + t, t = \sqrt{h}, h = 1 + x^2$ 6个函数复合而成.

自我测试

一、选择题

1. 下列结论正确的是 （　　）
   A. 函数 $y = 3^x$ 与 $y = -3^x$ 的图形关于原点对称
   B. 函数 $y = 3^x$ 与 $y = 3^{-x}$ 的图形关于 x 轴对称
   C. 函数 $y = 3^x$ 与 $y = -3^x$ 的图形关于 y 轴对称
   D. 函数 $y = 3^x$ 与 $y = \log_3 x$ 的图形关于直线 $y = x$ 对称

2. 函数 $y = \lg(1 - \lg x)$ 的定义域是 （　　）
   A. $[1, 10)$　　B. $(1, 10]$　　C. $(0, 10)$　　D. $(0, 10]$

3. 函数 $y = e^{-\frac{x^2}{2}}$ 在 $(-\infty, +\infty)$ 上是 （　　）
   A. 单调有界函数　　　　　　　B. 单调无界函数
   C. 有界奇函数　　　　　　　　D. 有界偶函数

4. 下列函数中为基本初等函数的是 （　　）
   A. $y = \ln(1 + x)$　　　　　　B. $y = \sqrt[3]{x^2}$
   C. $y = 4x + 5$　　　　　　　　D. $\begin{cases} x - 2, x > 0 \\ x + 1, x \leq 0 \end{cases}$

5. 下列各对函数中为相同函数的是 （　　）
   A. $f(x) = x\sqrt{x^2 - 1}$ 与 $g(x) = \sqrt{x^4 - x^2}$　　B. $f(x) = \ln x^2$ 与 $g(x) = 2\ln x$
   C. $f(x) = x - 1$ 与 $g(x) = \dfrac{x^2 - 1}{x + 1}$　　　　D. $f(x) = |x|$ 与 $g(x) = \sqrt{x^2}$

二、填空题

1. 将函数 $f(x) = 1 + |x - 1|$ 表示为分段函数时，$f(x) = $ _____.

2. 函数 $f(x) = \dfrac{1}{\ln|x - 5|}$ 的定义域是 _____.

3. 已知 $f(x) = 3x + 2$，则 $f(f(x) + 1) = $ _____.

4. 设 $f(x) = \begin{cases} \sin x, -\dfrac{\pi}{2} < x \leq 0 \\ 1 + 4x, 0 < x \leq 4 \end{cases}$，则 $f\left(-\dfrac{\pi}{3}\right) = $ _____.

5. 函数 $f(x) = \dfrac{1-x}{1+x}(x \neq -1)$ 的反函数 $g(x) = $ _____.

三、解答题

1. 设 $f(x)=\begin{cases} x^2, & x>0 \\ 2, & x=0 \\ 0, & x<0 \end{cases}$,求 $f(f(f(-3)))$.

2. 设函数 $f(x)=\begin{cases} 2^x, & x<0 \\ x+1, & 0 \leqslant x<1 \\ \dfrac{2}{x}, & x \geqslant 1 \end{cases}$

(1)确定函数的定义域;

(2)试问函数在定义域内是否有界?

3. 分析下列函数的复合过程

(1) $y=\ln(\cos x)$;

(2) $y=\mathrm{e}^{\tan(2x+1)}$;

(3) $y=\arcsin(\mathrm{e}^x-3)$;

(4) $y=\sqrt{\tan 5^x}$.

四、应用题

某产品共有 1 500 t,每吨定价 120 元,一次销售量不超过 100 t 时,按原价出售;若一次销售量超过 100 t,但不超过 500 t,则超出 100 吨部分按 9 折出售;若一次销售超过 500 t,则超出 500 t 的部分又按 8 折出售. 试将该产品一次出售收益表示成一次销售量的函数.

1.2 极限的概念及运算法则

内容要点

1. 数列极限的定义
2. 函数极限的定义
3. 函数的左极限与右极限
4. 极限的四则运算
5. 两个重要极限:

(1) $\lim\limits_{x \to 0} \dfrac{\sin x}{x} = 1$; (2) $\lim\limits_{x \to \infty} \left(1 + \dfrac{1}{x}\right)^x = e$.

典型例题

例 1 求极限 $\lim\limits_{x \to \infty} \left(1 + \dfrac{1}{x}\right)$.

解 因为当 x 的绝对值无限增大时,$\dfrac{1}{x}$ 无限接近于 0,即函数 $1 + \dfrac{1}{x}$ 无限接近于常数 1,所以 $\lim\limits_{x \to \infty} \left(1 + \dfrac{1}{x}\right) = 1$.

例 2 设 $f(x) = \begin{cases} x, & x \geq 0 \\ -x + 1, & x < 0 \end{cases}$,求 $\lim\limits_{x \to 0} f(x)$.

解 因为
$$\lim\limits_{x \to 0^-} f(x) = \lim\limits_{x \to 0^-} (-x + 1) = 1, \lim\limits_{x \to 0^+} f(x) = \lim\limits_{x \to 0^+} x = 0$$
$\lim\limits_{x \to 0^-} f(x) \neq \lim\limits_{x \to 0^+} f(x)$,所以 $\lim\limits_{x \to 0} f(x)$ 不存在.

例 3 求 $\lim\limits_{x \to 2}(x^2 - 3x + 5)$.

解 $\lim\limits_{x \to 2}(x^2 - 3x + 5) = \lim\limits_{x \to 2} x^2 - \lim\limits_{x \to 2} 3x + \lim\limits_{x \to 2} 5 = (\lim\limits_{x \to 2} x)^2 - 3\lim\limits_{x \to 2} x + \lim\limits_{x \to 2} 5 = 2^2 - 3 \times 2 + 5 = 3$.

例 4 求 $\lim\limits_{x \to 1} \dfrac{x^2 - 1}{x^2 + 2x - 3}$.

解 $\lim\limits_{x \to 1} \dfrac{x^2 - 1}{x^2 + 2x - 3} = \lim\limits_{x \to 1} \dfrac{(x+1)(x-1)}{(x+3)(x-1)} = \lim\limits_{x \to 1} \dfrac{x+1}{x+3}$ (消去零因子法) $= \dfrac{1}{2}$.

例 5 求 $\lim\limits_{x \to 0} \dfrac{x - \sin 2x}{x + \sin 2x}$.

解 $\lim\limits_{x \to 0} \dfrac{x - \sin 2x}{x + \sin 2x} = \lim\limits_{x \to 0} \dfrac{1 - \dfrac{\sin 2x}{x}}{1 + \dfrac{\sin 2x}{x}} = \lim\limits_{x \to 0} \dfrac{1 - 2\dfrac{\sin 2x}{2x}}{1 + 2\dfrac{\sin 2x}{2x}} = \dfrac{1 - 2}{1 + 2} = -\dfrac{1}{3}$.

例 6 求 $\lim\limits_{x \to \infty} \left(1 + \dfrac{1}{x}\right)^{x+3}$.

解 $\lim\limits_{x \to \infty} \left(1 + \dfrac{1}{x}\right)^{x+3} = \lim\limits_{x \to \infty} \left[\left(1 + \dfrac{1}{x}\right)^x \cdot \left(1 + \dfrac{1}{x}\right)^3\right] = \lim\limits_{x \to \infty} \left(1 + \dfrac{1}{x}\right)^x \cdot \left(1 + \dfrac{1}{x}\right)^3 = e \times 1 = e$.

自我测试

一、选择题

1. 下列数列 $\{x_n\}$ 中收敛的是 ( )

    A. $x_n = (-1)^n \dfrac{n-1}{n}$ B. $x_n = \dfrac{n}{2n+1}$

    C. $x_n = \sin \dfrac{n\pi}{2}$ D. $x_n = n - (-1)^n$

2. 数列有界是数列收敛的 ( )

    A. 充分条件   B. 必要条件   C. 充要条件   D. 以上都不是

3. $\lim\limits_{x \to x_0^-} f(x) = \lim\limits_{x \to x_0^+} f(x)$ 是 $\lim\limits_{x \to x_0} f(x)$ 存在的 ( )

    A. 充分条件   B. 必要条件   C. 充要条件   D. 以上都不是

4. 极限 $\lim\limits_{x \to 1} \dfrac{|x-1|}{x-1}$ 为 ( )

    A. -1 B. 0 C. 1 D. 不存在

5. 下列数列 $\{x_n\}$ 中发散的是 ( )

    A. $x_n = \dfrac{1 + (-1)^n}{2}$ B. $x_n = \dfrac{1}{n}\sin \dfrac{a}{n}$ (a 为常数)

    C. $x_n = \dfrac{2n+1}{3n+4}$ D. $x_n = 6 + \dfrac{(-1)^n}{n}$

二、填空题

1. 极限 $\lim\limits_{n \to \infty}\left(1 + \dfrac{1}{3} + \dfrac{1}{9} + \cdots + \dfrac{1}{3^n}\right) = $ _____.

2. 根据函数 $y = \arctan x$ 的图形观察计算 $\lim\limits_{x \to +\infty} \arctan x = $ _____; $\lim\limits_{x \to -\infty} \arctan x = $ _____.

3. 极限 $\lim\limits_{x \to 0}(1 + 3x)^{\frac{1}{x}} = $ _____.

4. 极限 $\lim\limits_{x\to 0} x\cot x = $ _____.

5. 如果 $\lim\limits_{x\to x_0^-} f(x) = \lim\limits_{x\to x_0^+} f(x) = A$，则 $\lim\limits_{x\to x_0} f(x) = $ _____.

三、计算题

1. $\lim\limits_{x\to 2}(3x^2 - 2x + 1)$.

2. $\lim\limits_{x\to 3} \dfrac{x^2 - 9}{x^2 - 2x - 3}$.

3. $\lim\limits_{x\to 2}\left(\dfrac{x^2 + 4}{x^2 - 4}\right)$.

4. $\lim\limits_{x\to 1}\left(\dfrac{1}{1-x} - \dfrac{2}{1-x^2}\right)$.

5. $\lim\limits_{x\to\infty} 3x \sin\dfrac{1}{2x}$.

6. $\lim\limits_{x\to 0} \dfrac{x - \sin x}{x + \sin x}$.

7. $\lim\limits_{x\to\infty}\left(1 + \dfrac{1}{x}\right)^{2x}$.

8. $\lim\limits_{x\to 0}(1+x)^{\frac{5}{x}}$.

1.3 无穷小量

内容要点

1. 无穷小的概念
2. 无穷小的运算性质：
   有限个无穷小的代数和仍是无穷小；
   有界函数与无穷小的乘积是无穷小.
3. 无穷大与无穷小的关系
4. 无穷小的比较
5. 应用等价无穷小计算极限

典型例题

例1 求 $\lim\limits_{x \to 1} \dfrac{4x-1}{x^2+2x-3}$.

解 因为 $\lim\limits_{x \to 1}(x^2+2x-3)=0$，又 $\lim\limits_{x \to 1}(4x-1)=3 \neq 0$，故 $\lim\limits_{x \to 1} \dfrac{x^2+2x-3}{4x-1} = \dfrac{0}{3} = 0$，
由无穷小与无穷大的关系，得

$$\lim\limits_{x \to 1} \dfrac{4x-1}{x^2+2x-3} = \infty$$

例2 求 $\lim\limits_{x \to \infty} \dfrac{2x^3+3x^2+5}{7x^3+4x^2-1}$.

解 当 $x \to \infty$ 时，分子和分母的极限都是无穷大，此时可采用所谓的无穷小因子分出法，即以分母中自变量的最高次幂除分子和分母，以分出无穷小，然后再用求极限的方法. 对本例，先用 x^3 去除分子和分母，分出无穷小，再求极限.

$$\lim\limits_{x \to \infty} \dfrac{2x^3+3x^2+5}{7x^3+4x^2-1} = \lim\limits_{x \to \infty} \dfrac{2+\dfrac{3}{x}+\dfrac{5}{x^3}}{7+\dfrac{4}{x}-\dfrac{1}{x^3}} = \dfrac{\lim\limits_{x \to \infty}\left(2+\dfrac{3}{x}+\dfrac{5}{x^3}\right)}{\lim\limits_{x \to \infty}\left(7+\dfrac{4}{x}-\dfrac{1}{x^3}\right)} = \dfrac{2}{7}$$

例3 求 $\lim\limits_{x \to 0} \dfrac{\tan 2x}{\sin 5x}$.

解 当 $x \to 0$ 时，$\tan 2x \simeq 2x$，$\sin 5x \simeq 5x$，故

$$\lim\limits_{x \to 0} \dfrac{\tan 2x}{\sin 5x} = \lim\limits_{x \to 0} \dfrac{2x}{5x} = \dfrac{2}{5}$$

自我测试

一、选择题

1. 当 $x \to 0$ 时，$\arctan \dfrac{1}{x}$ 是 ( )

   A. 无穷小量　　　B. 无穷大量　　　C. 有界变量　　　D. 无界变量

2. 下列叙述正确的是 ( )

　　A. 无穷小是一个函数　　　　　　　　　　B. 非常小的数是无穷小

　　C. 两个无穷小的商是无穷小　　　　　　　D. 两个无穷大的和还是无穷大

3. 下列函数在自变量 x 给定的变化过程中是无穷小量的有 ( )

　　A. $y = 2^{-x} - 1\ (x \to 0)$　　　　　　　B. $y = \dfrac{\sin x}{x}\ (x \to 0)$

　　C. $y = \dfrac{x^2}{\sqrt{x^3 + 2x + 3}}\ (x \to +\infty)$　　D. $y = \dfrac{x^3 + 1}{x^2 + 2}\ (x \to 0)$

4. 下列各式中,( )的极限值为 1.

　　A. $\lim\limits_{x \to \infty} \dfrac{\sin x}{x}$　　B. $\lim\limits_{x \to \infty} x \sin \dfrac{1}{x}$　　C. $\lim\limits_{x \to 0} \dfrac{\sin x}{x}$　　D. $\lim\limits_{x \to 0} x \sin \dfrac{1}{x}$

5. 下列运算过程正确的是 ( )

　　A. $\lim\limits_{x \to 1} \dfrac{x}{x^2 - 1} = \dfrac{\lim\limits_{x \to 1} x}{\lim\limits_{x \to 1}(x^2 - 1)} = \infty$　　B. $\lim\limits_{x \to 0} x \sin \dfrac{1}{x} = \lim\limits_{x \to 0} x \lim\limits_{x \to 0} \sin \dfrac{1}{x} = 0$

　　C. $\lim\limits_{x \to 0} x \sin \dfrac{1}{x} = \lim\limits_{x \to 0} \dfrac{\sin \dfrac{1}{x}}{\dfrac{1}{x}} = 1$　　D. $\lim\limits_{x \to \infty} x \sin \dfrac{1}{x} = \lim\limits_{x \to \infty} \dfrac{\sin \dfrac{1}{x}}{\dfrac{1}{x}} = 1$

二、填空题

1. 当 $x \to$ _____ 时,函数 $f(x)$ 是无穷小量;当 $x \to$ _____ 时,函数 $f(x)$ 是无穷大量;

2. 当 $x \to 0$ 时,$\sin x \simeq$ _____;$\tan x \simeq$ _____;$1 - \cos x \simeq$ _____;

3. 若 $\lim f(x) = \infty$,则 $\lim \dfrac{1}{f(x)} =$ _____;

三、计算题

1. $\lim\limits_{x \to 0} \dfrac{\sin 5x}{\sin 7x}$.　　　　　　　　　　2. $\lim\limits_{x \to \infty} x \sin \dfrac{3}{x}$.

3. $\lim\limits_{x \to 0} \dfrac{\ln(1 + x)}{\tan x}$.　　　　　　　　　4. $\lim\limits_{x \to 0} \dfrac{e^x - 1}{\sin x}$.

5. $\lim\limits_{x\to 0}\dfrac{\arcsin x}{x}$.

6. $\lim\limits_{x\to 0}\dfrac{\sin x}{x^3+3x}$.

1.4 函数的连续性

内容要点

1. 函数的连续性的概念及几何意义.
2. 一切初等函数在其定义区间内都是连续的.
3. 闭区间上连续函数的性质:最大最小值定理、有界性定理、零点定理、介值定理.
4. 函数的间断点及其分类:第一类间断点、第二类间断点.

典型例题

例 1 已知函数
$$f(x)=\begin{cases} x^2+1, & x<0 \\ 2x-b, & x\geq 0 \end{cases}$$
在点 $x=0$ 处连续,求 b 的值.

解 $\lim\limits_{x\to 0^-}f(x)=\lim\limits_{x\to 0^-}(x^2+1)=1$, $\lim\limits_{x\to 0^+}f(x)=\lim\limits_{x\to 0^+}(2x-b)=-b$,
因为 $f(x)$ 点 $x=0$ 处连续,则 $\lim\limits_{x\to 0^-}f(x)=\lim\limits_{x\to 0^+}f(x)$,即 $b=-1$.

例 2 证明方程 $x^3-4x^2+1=0$ 在区间 $(0,1)$ 内至少有一个根.

证 令 $f(x)=x^3-4x^2+1$,则 $f(x)$ 在 $[0,1]$ 上连续. 又 $f(0)=1>0$, $f(1)=-2<0$,由零点定理,至少存在一点 $\xi\in(0,1)$,使 $f(\xi)=0$,即 $\xi^3-4\xi^2+1=0$.
所以,方程 $x^3-4x^2+1=0$ 在 $(0,1)$ 内至少有一个实根 ξ.

例 3 判断函数 $f(x)=\begin{cases} -1, & x<0 \\ 0, & x=0 \\ 1, & x>0 \end{cases}$ 的间断点,并指明类型.

解 $\lim\limits_{x\to 0^-}f(x)=-1$, $\lim\limits_{x\to 0^+}f(x)=1$,但 $\lim\limits_{x\to 0}f(x)$ 不存在,所以 $x=0$ 是第一类间断点.

自我测试

一、选择题

1. 设 $f(x)=\begin{cases} 2x+1, & -1<x<0 \\ 2, & x=0 \\ x-1, & 0<x<1 \end{cases}$,则 $\lim\limits_{x\to 0^-}f(x)=$ (   )

A. 1   B. -1   C. 0   D. 2

2. 设函数 $f(x)=\begin{cases}e^x+1, & x<0\\ x+a, & x\geq 0\end{cases}$，在点 $x=0$ 处连续，则 $a=$ ( )

 A. 1   B. 0   C. 2   D. -1

3. 点 $x=1$ 是函数 $f(x)=\dfrac{x^2-1}{x^2-3x+2}$ 的   ( )

 A. 连续点   B. 第二类间断点   C. 第一类间断点   D. 无法确定

4. 极限 $\lim\limits_{x\to 0}\dfrac{x}{\sqrt{1-\cos 2x}}$ 为   ( )

 A. 0   B. 1   C. $\dfrac{\sqrt{2}}{2}$ D. 不存在

5. 若函数 $f(x)$ 在闭区间 $[a,b]$ 上连续，下列说法正确的是   ( )

 A. $f(x)$ 在 $[a,b]$ 上有最大值   B. $f(x)$ 在 $[a,b]$ 上有最小值

 C. $f(x)$ 在 $[a,b]$ 上有界   D. $f(x)$ 在 $[a,b]$ 上有间断点

二、填空题

1. $f(x)=\dfrac{\sqrt{x+2}}{(x-2)(x+1)}$ 的连续区间是_____.

2. 如果函数 $f(x)=\begin{cases}\dfrac{\sin 3x}{x}, & x<0\\ 4x^2+3x-K, & x\geq 0\end{cases}$ 在 $x=0$ 处连续，则 $K=$_____.

3. 函数 $y=\dfrac{x^2-1}{x^2-3x+2}$ 的间断点是 $x=$_____.

4. $\lim\limits_{x\to 3}\ln(x^2+1)=$_____.

5. $x=0$ 是 $y=\dfrac{\sin x}{x}$ 的_____间断点.

三、计算题

1. 设函数
$$f(x)=\begin{cases}x-1, & x\leq 0\\ x^2-1, & x>0\end{cases}$$

求 $\lim\limits_{x\to 1}f(x)$ 及 $\lim\limits_{x\to 0}f(x)$.

2. 试确定常数 a，使函数 $f(x)=\begin{cases} x+a, & x\leqslant 1 \\ \ln x, & x>1 \end{cases}$ 在点 $x=1$ 处极限连续.

3. 讨论下列函数的连续性，若间断，指出间断点类型.

(1) $y=\dfrac{3}{x-2}$;

(2) $y=\begin{cases} x+1, & 0<x\leqslant 1 \\ 2-x, & 1<x\leqslant 3 \end{cases}$.

四、证明题

证明方程 $x+\sin x+1=0$ 在 $[-1,0]$ 内至少有一个实根.

本章测试题

一、选择题

1. 当 $x \to x_0$ 时,$f(x)$ 有极限,$g(x)$ 没有极限,则下列结论正确的是 ( )
   A. $f(x)g(x)$ 当 $x \to x_0$ 时必无极限
   B. $f(x)g(x)$ 当 $x \to x_0$ 时可能有极限,也可能无极限
   C. $f(x)g(x)$ 当 $x \to x_0$ 时必有极限
   D. 若 $f(x)g(x)$ 当 $x \to x_0$ 时有极限,则极限必为零

2. 极限 $\lim\limits_{x \to 0} x \sin \dfrac{2}{x}$ 为 ( )
   A. 0　　　　　　B. 1　　　　　　C. 2　　　　　　D. 不存在

3. 设 $0 < a < b$,则 $\lim\limits_{n \to \infty} \sqrt[n]{a^n + b^n}$ 为 ( )
   A. a　　　　　B. b　　　　　C. 1　　　　　　D. $a+b$

4. 当 $x \to \infty$ 时,无穷小 $\dfrac{1}{ax^2+bx+c}$ 与 $\dfrac{1}{x+1}$ 等价,则 a,b,c 的值为 ( )
   A. $a=0,b=1,c$ 为任意实数　　　　　B. $a=0,b=0,c=1$
   C. $a=0,b,c$ 为任意实数　　　　　　D. a,b,c 均为任意实数

5. 函数 $f(x) = \begin{cases} 2e^x, & x<0 \\ a+x, & x \geq 0 \end{cases}$ 在 $(-\infty, +\infty)$ 上连续,则 a 为 ( )
   A. 1　　　　　　B. 2　　　　　　C. -1　　　　　D. 3

二、填空题

1. 已知 $f(x-1) = x^2 + 1$,则 $f(x) = $ _____.

2. $\lim\limits_{x \to \infty} \left(x \sin \dfrac{1}{x} - \dfrac{\sin x}{x} \right) = $ _____.

3. 极限 $\lim\limits_{x \to 0} (x + e^x)^{\frac{1}{x}} = $ _____.

4. 设 $a > 0, a \neq 1$,则 $\lim\limits_{x \to 0} \dfrac{a^{4x}-1}{4x} = $ _____.

5. 点 $x=0$ 是函数 $f(x) = \dfrac{1-\cos x}{x^2}$ 的 _____ 间断点.

三、计算题

1. $\lim\limits_{x \to 3} \dfrac{\sqrt{1+x}-2}{x-3}$.

2. 极限 $\lim\limits_{x \to +\infty} \arccos(\sqrt{x^2+x} - x)$.

3. $\lim\limits_{n\to\infty} n[\ln(n+1)-\ln n]$.

4. $\lim\limits_{x\to 0}\dfrac{\tan x-\sin x}{\sin^3 x}$.

5. $\lim\limits_{x\to\infty}\left(\dfrac{2x+3}{2x+1}\right)^{x+1}$.

四、证明题

设 $f(x)$ 在 $[0,1]$ 上连续,且 $f(0)=0$,$f(1)=3$. 证明:存在 $\xi\in(0,1)$,使 $f(\xi)=e^{\xi}$.

第 2 章 导数与微分

2.1 导数的概念

内容要点

1. 导数的定义

$$f'(x_0) = \lim_{\Delta x \to 0} \frac{\Delta y}{\Delta x} = \lim_{\Delta x \to 0} \frac{f(x_0 + \Delta x) - f(x_0)}{\Delta x}$$

根据导数的定义求导,一般包含以下三个步骤:

(1) 求函数的增量 $\quad \Delta y = f(x + \Delta x) - f(x)$

(2) 求两增量的比值 $\quad \dfrac{\Delta y}{\Delta x} = \dfrac{f(x + \Delta x) - f(x)}{\Delta x}$

(3) 求极限 $\quad y' = \lim\limits_{\Delta x \to 0} \dfrac{\Delta y}{\Delta x}$

2. 导数的几何意义

3. 函数的可导性与连续性的关系:如果函数 $y = f(x)$ 在点 x_0 处可导,则 $y = f(x)$ 在 x_0 处连续.

典型例题

例 1 求函数 $y = x^3$ 在 $x = 1$ 处的导数 $f'(1)$.

解 当 x 由 1 变到 $1 + \Delta x$ 时,函数相应的增量为

$$\Delta y = (1 + \Delta x)^3 - 1^3 = 3 \cdot \Delta x + 3 \cdot (\Delta x)^2 + (\Delta x)^3$$

$$\frac{\Delta y}{\Delta x} = 3 + 3\Delta x + (\Delta x)^2$$

所以

$$f'(1) = \lim_{\Delta x \to 0} \frac{\Delta y}{\Delta x} = \lim_{\Delta x \to 0} (3 + 3\Delta x + (\Delta x)^2) = 3$$

例 2 求等边双曲线 $y = \dfrac{1}{x}$ 在点 $\left(\dfrac{1}{2}, 2\right)$ 处的切线的斜率,并写出在该点处的切线方程和法线方程.

解 由导数的几何意义,得切线斜率为

$$k = y' \big|_{x = \frac{1}{2}} = \left(\frac{1}{x}\right)' \big|_{x = \frac{1}{2}} = -\frac{1}{x^2} \big|_{x = \frac{1}{2}} = -4$$

所求切线方程为 $y-2=-4\left(x-\dfrac{1}{2}\right)$，即 $4x+y-4=0$.

法线方程为 $y-2=\dfrac{1}{4}\left(x-\dfrac{1}{2}\right)$，即 $2x-8y+15=0$.

自我测试

一、选择题

1. 设 $f(x)$ 在点 $x=a$ 处可导，则 $\lim\limits_{h\to 0}\dfrac{f(a+3h)-f(a)}{h}$ 为 （　　）

   A. $f'(a)$　　　　B. $3f'(a)$　　　　C. $-3f'(a)$　　　　D. $\dfrac{1}{3}f'(a)$

2. 设曲线 $y=f(x)$ 在点 $\left(2,\dfrac{1}{2}\right)$ 处的法线方程为 $y-\dfrac{1}{2}=3(x-2)$，则 $f'(2)$ 为 （　　）

   A. $\dfrac{1}{3}$　　　　B. 3　　　　C. $-\dfrac{1}{3}$　　　　D. $\dfrac{1}{2}$

3. 设函数 $y=f(x)$ 在点 x_0 处可导，且曲线 $y=f(x)$ 在点 $(x_0,f(x_0))$ 处的切线平行于 x 轴，则 （　　）

   A. $f'(x_0)>0$　　　　　　　　B. $f'(x_0)=0$
   C. $f'(x_0)<0$　　　　　　　　D. $f'(x_0)=\infty$

4. 曲线 $y=\dfrac{1}{\sqrt[3]{x^2}}$ 在点 $x=1$ 处的切线方程是 （　　）

   A. $3y-2x=5$　　　　　　　　B. $-3y+2x=5$
   C. $3y+2x=5$　　　　　　　　D. $3y+2x=-5$

5. 设 $f(x)=\begin{cases}2+x^2,&x\leq 0\\ 2,&x>0\end{cases}$，则 $f(x)$ 在点 $x=0$ 处 （　　）

   A. 可导　　　　　　　　　　　B. 连续但不可导
   C. 不连续　　　　　　　　　　D. 无意义

二、填空题

1. 设函数 $y=f(x)$ 在 $x=x_0$ 处可导，则 $\lim\limits_{\Delta x\to 0}\dfrac{f(x_0+\Delta x)-f(x_0)}{\Delta x}=$ _____.

2. 设 $f(x)=\dfrac{1}{x}$，则 $f'(1)=$ _____.

3. 曲线 $f(x)=\ln x$ 在点 $(1,0)$ 处的切线方程为 _____.

4. 设 $f(x)=\begin{cases}\sin x,&x<0\\ x,&x\geq 0\end{cases}$，则 $f(x)$ 在 $x=0$ 处的导数为 _____.

5. 抛物线 $y=x^2$ 上与直线 $y=-\dfrac{x}{2}+\dfrac{1}{2}$ 垂直的切线方程是 _____.

三、解答题

1. 设 $f(x)=10x^2$，按定义求 $f'(1)$.

2. 设 $f(x)=\begin{cases} x^2, & x\geq 0 \\ -x, & x<0 \end{cases}$，求 $f'_+(0)$，$f'_-(0)$，$f'(0)$.

3. 求曲线 $y=\cos x$ 在点 $(\dfrac{\pi}{3},\dfrac{1}{2})$ 处的切线方程和法线方程.

4. 讨论函数 $f(x)=x|x|$ 在点 $x=0$ 处的连续性和可导性.

2.2 导数的基本公式与运算法则

内容要点

1. 导数的四则运算法则
2. 反函数的导数:反函数的导数等于直接函数导数的倒数.
3. 复合函数的求导法则:

若函数 $u=g(x)$ 在点 x 处可导,而 $y=f(u)$ 在点 $u=g(x)$ 处可导,则复合函数 $y=f(g(x))$ 在点 x 处可导,且其导数为

$$\frac{dy}{dx}=f'(u)\cdot g'(x) \text{ 或 } \frac{dy}{dx}=\frac{dy}{du}\cdot\frac{du}{dx}$$

典型例题

例1 求 $y=x^3-2x^2+\sin x$ 的导数.

解 $y'=(x^3)'-(2x^2)'+(\sin x)'=3x^2-4x+\cos x$

例2 求函数 $y=\ln \sin x$ 的导数.

解 设 $y=\ln u, u=\sin x$,则

$$\frac{dy}{dx}=\frac{dy}{du}\cdot\frac{du}{dx}=\frac{1}{u}\cdot\cos x=\frac{\cos x}{\sin x}=\cot x$$

例3 求函数 $y=(x^2+1)^{10}$ 的导数.

解 设 $y=u^{10}, u=x^2+1$,则

$$\frac{dy}{dx}=\frac{dy}{du}\cdot\frac{du}{dx}=10u^9\cdot 2x=10(x^2+1)^9\cdot 2x=20x(x^2+1)^9$$

自我测试

一、选择题

1. 设 $f(x)=\begin{cases} x, & x>0 \\ \ln(1+x), & x\leq 0 \end{cases}$,则 $f(x)$ 在点 $x=0$ 处 （　　）

   A. 不可导　　　　　B. 不连续　　　　　C. 连续且可导　　　　　D. 无意义

2. 设 $y=\dfrac{1}{2+3x}+\dfrac{1}{x}$,则 y' 为 （　　）

   A. $\dfrac{1}{(2+3x)^2}+\dfrac{1}{x^2}$　　　　　　　　　　B. $\dfrac{3}{(2+3x)^2}-\dfrac{1}{x^2}$

   C. $-\dfrac{3}{(2+3x)^2}-\dfrac{1}{x^2}$　　　　　　　　　D. $\dfrac{3}{(2+3x)^2}+\dfrac{1}{x^2}$

3. 设 $f(x)=(x+1)(x+2)^3(x+3)$,则 $f'(-1)$ 为 （　　）

   A. 0　　　　　　　B. -2　　　　　　C. -3　　　　　　D. 2

4. 设 $y=\arctan e$,则 y' 为 （　　）

   A. $\dfrac{1}{1+e^2}$　　　　　B. $-\dfrac{1}{1+e^2}$　　　　　C. 0　　　　　D. $\arctan e$

5. 设 $y = \arcsin x$，则 y' 为 （   ）

A. $\dfrac{1}{\sqrt{1+x^2}}$ 　　B. $-\dfrac{1}{\sqrt{1+x^2}}$ 　　C. $\dfrac{1}{\sqrt{1-x^2}}$ 　　D. $-\dfrac{1}{\sqrt{1-x^2}}$

二、填空题

1. 设函数 $f(x) = \ln x^2$，则 $[f(2)]' = $ _____.

2. 已知某物体作直线运动，路程 s（单位:m）与时间 t（单位 s）的关系为 $s(t) = (t^2+1)(t+1)$，则物体在 t 时刻的瞬时速度 $V(t) = $ _____.

3. 曲线 $y = \arcsin(1-x)$ 在点 $x = 1$ 处的法线方程是 _____.

4. 设 $f(x) = 10^{\sin x}$，则 $f'(x) = $ _____.

5. 设 $y = \cos(x + \sin x)$，则 $f'(0) = $ _____.

三、解答题

1. 已知 $y = \cos^3(1-2x)$，求 y'.

2. 已知 $y = \dfrac{1+\sqrt{x}}{1-\sqrt{x}}$，求 y'.

3. 已知 $y = \sin^n x \cdot \cos nx$，求 y'.

4. 已知 $y = \ln \cos x$，求 y'.

5. 设函数
$$f(x) = \begin{cases} -x, & x \leq 0 \\ x^2, & x > 0 \end{cases}$$
试问 $f'(0)$ 是否存在？

2.3 隐函数的导数及由参数方程所确定的函数的导数

内容要点

1. 隐函数的导数
2. 参数方程所确定的函数的导数

典型例题

例 1 求由方程 $xy - e^x + e^y = 0$ 所确定的隐函数 y 的导数 $\dfrac{dy}{dx}, \dfrac{dy}{dx}\Big|_{x=0}$.

解 方程两边对 x 求导，则

$$y + x\frac{dy}{dx} - e^x + e^y \frac{dy}{dx} = 0$$

解得

$$\frac{dy}{dx} = \frac{e^x - y}{x + e^y}$$

由原方程知 $x=0, y=0$，所以

$$\frac{dy}{dx}\Big|_{x=0} = \frac{e^x - y}{x + e^y}\Big|_{\substack{x=0 \\ y=0}} = 1$$

例 2 求由参数方程 $\begin{cases} x = \arctan t \\ y = \ln(1+t^2) \end{cases}$ 所表示的函数 $y = y(x)$ 的导数.

解

$$\frac{dy}{dx} = \frac{\dfrac{dy}{dt}}{\dfrac{dx}{dt}} = \frac{\dfrac{2t}{1+t^2}}{\dfrac{1}{1+t^2}} = 2t$$

自我测试

1. 已知函数 $y = y(x)$ 是由方程 $y^2 + 2\ln y = x^2$ 所确定的隐函数，求 $\dfrac{dy}{dx}$.

2. 设函数 $y=y(x)$ 是由方程 $xy+\sin(x+y)=1$ 所确定的隐函数，求 y'.

3. 设函数 $y=y(x)$ 是由方程 $\ln(x^2+y^2)=\arctan\dfrac{x}{y}$ 所确定的隐函数，求 $y'|_{x=0}$.

4. 求参数方程 $\begin{cases} x=at^2 \\ y=bt^3 \end{cases}$ 所确定的函数的导数 $\dfrac{\mathrm{d}y}{\mathrm{d}x}$.

5. 求参数方程 $\begin{cases} x = \theta(1-\sin\theta) \\ y = \theta\cos\theta \end{cases}$ 所确定的函数的导数 $\dfrac{dy}{dx}$.

6. 求参数方程 $\begin{cases} x = e^t\cos t^2 \\ y = e^{2t}\sin t \end{cases}$ 所确定的函数的导数 $\dfrac{dy}{dx}$.

2.4 高阶导数

内容要点

二阶和二阶以上的导数统称为高阶导数. 相应地, $f(x)$ 称为零阶导数; $f'(x)$ 称为一阶导数.

典型例题

例1 设 $y = 2x^3 - 3x^2 + 5$, 求 y''.

解 $y' = 6x^2 - 6x, y'' = 12x - 6$

例2 求指数函数 $y = e^x$ 的 n 阶导数.

解 $y' = e^x, y'' = e^x, y''' = e^x, y^{(4)} = e^x$,

一般地, 可得 $y^{(n)} = e^x$, 即有

$$(e^x)^{(n)} = e^x$$

例3 求对数函数 $y = \ln(1+x)$ 的 n 阶导数.

解 $y' = \dfrac{1}{1+x}, y'' = -\dfrac{1}{(1+x)^2}, y''' = \dfrac{2!}{(1+x)^3}, y^{(4)} = -\dfrac{3!}{(1+x)^4}, \cdots\cdots$

$$y^{(n)} = (-1)^{n-1}\dfrac{(n-1)!}{(1+x)^n} (n \geq 1, 0! = 1)$$

自我测试

1. 设 $y = \sin 3x$,求 y''.

2. 设 $y = x\cos x$,求 y''.

3. 设 $y = \ln(1+x^2)$,求 y''.

4. 设 $y = (3x+1)^{10}$,求 $y'''(0)$.

5. 验证设 $y = e^x \sin x$ 满足关系式 $y'' - 2y' + 2y = 0$.

6. 设原点在 x 轴上运动,运动方程 $x = 5 - 2\sin 3t$,计算当 $t = \dfrac{\pi}{2}$ 时的加速度.

7. 求函数 $y = e^{kx}$ 的 n 阶导数.

2.5 函数的微分

内容要点

1. 微分的定义:$dy = f'(x)dx$,函数的导数 $\dfrac{dy}{dx} = f'(x)$ 又称为"微商".
2. 微分的几何意义:以直代曲.
3. 基本初等函数的微分公式与微分运算法则.
4. 利用微分进行近似计算:近似值的计算 $\Delta y \approx dy$.

典型例题

例 1 求函数 $y = x^3$ 在 $x = 2$ 处的微分.

解 函数 $y = x^3$ 在 $x = 2$ 处的微分为
$$dy = (x^3)'\big|_{x=2}dx = 12dx.$$

例 2 求函数 $y = x^3 e^{2x}$ 的微分.

解 因为
$$y' = (x^3 e^{2x})' = 3x^2 e^{2x} + 2x^3 e^{2x} = x^2 e^{2x}(3 + 2x)$$
所以
$$dy = y'dx = x^2 e^{2x}(3 + 2x)dx$$

例 2 求 $\tan 31°$ 的近似值.

解 设 $f(x) = \tan x, x_0 = 30° = \dfrac{\pi}{6}, x = 31° = \dfrac{31\pi}{180}, \Delta x = 1° = \dfrac{\pi}{180}$,则

$$f'(x) = \sec^2 x, f'\left(\frac{\pi}{6}\right) = \sec^2 \frac{\pi}{6} = \frac{4}{3}, \tan \frac{\pi}{6} = \frac{1}{\sqrt{3}}$$

由公式 $f(x_0 + \Delta x) \approx f(x_0) + f'(x_0)\Delta x$，有

$$\tan 31° = \tan \frac{31\pi}{180} \approx \tan \frac{\pi}{6} + \sec^2 \frac{\pi}{6} \cdot \frac{\pi}{180} = \frac{1}{\sqrt{3}} + \frac{4}{3} \times \frac{\pi}{180} \approx$$
$$0.577\ 35 + 0.023\ 27 = 0.600\ 62$$

自我测试

一、选择题

1. 已知 $y = x^3 - 1$ 在点 $x = 2$ 处，下面说法正确的是 （　　）
   A. 当 $\Delta x = 2$ 时，$\Delta y = 48, dy = -24$
   B. 当 $\Delta x = 1$ 时，$\Delta y = -8, dy = 12$
   C. 当 $\Delta x = 0.1$ 时，$\Delta y = 1.3, dy = 1.2$
   D. 当 $\Delta x = 0.01$ 时，$\Delta y = 0.120\ 601, dy = 0.12$

2. 关于函数当 $y = f(x)$ 在点 x 处连续、可导及可微三者的关系是 （　　）
   A. 连续是可微的充分条件
   B. 可导是可微的充分必要条件
   C. 可微不是连续的充分条件
   D. 连续是可导的充分必要条件

3. 若函数 $y = f(x)$ 有 $f'(x_0) = \frac{1}{2}$，则当 $\Delta x \to 0$ 时，该函数在 $x = x_0$ 处微分 dy 是 （　　）
   A. 与 Δx 等价的无穷小
   B. 与 Δx 同阶的无穷小，但不等价
   C. 比 Δx 低价的无穷小
   D. 比 Δx 高价的无穷小

4. 函数 $y = f(x)$ 在某点可微的含义是 （　　）
   A. $\Delta y \approx a\Delta x$, a 是一个常数
   B. Δy 与 Δx 成比例
   C. $\Delta y = a\Delta x + \alpha$, a 与 Δx 无关, $\alpha > 0$
   D. $\Delta y = a\Delta x + \alpha$, a 与 Δx 无关, 当 $\Delta x \to 0$ 时, α 是 Δx 的高阶无穷小

5. 函数 $y = x^2$，则 x 由 1 改变到 1.01 时的微分是 （　　）
   A. 0.01　　　　B. 0.02　　　　C. -0.02　　　　D. -0.01

二、填空题

1. $d\sin 3x = \underline{\qquad} dx$.
2. $d \underline{\qquad} = 2x dx$.
3. 当 $x \approx 0$ 时，$\ln(1+x) \approx \underline{\qquad}$，$\ln 1.002 \approx \underline{\qquad}$.
4. 设 $y = \cos^3 x - \cos 3x$，则 $dy = \underline{\qquad}$.
5. 设 $y = \ln^3 x^2$，则 $dy = \underline{\qquad}$.

三、计算题

1. 求下列函数的微分

   (1) $y = \dfrac{1}{x} + \sqrt{x}$；

   (2) $y = (x^2 - x + 1)^3$；

   (3) $y = \cos 3x$；

   (4) $y = \ln(1 + 2x^2)$.

2. 已知 $y = x^3 - x$，在 $x = 2$ 处，计算当 Δx 分别为 $1, 0.1, 0.01$ 时的 Δy 与 dy.

3. 按近似公式 $f(x_0 + \Delta x) \approx f(x_0) + f'(x_0)\Delta x$（当 $|\Delta x|$ 很小时），计算 $\sqrt{99}$.

本章测试题

一、选择题

1. 方程 $x^3 - 3x + 1 = 0$ 在 $(0,1)$ 内为 ( )
   A. 无实根　　　　B. 有唯一实根　　　　C. 有两个实根　　　　D. 有三个实根

2. 若 $f(u)$ 可导，且 $y = f(e^x)$，则有 ( )
   A. $dy = f'(e^x)dx$　　　　　　　　B. $dy = e^x f'(e^x)dx$
   C. $dy = (f(e^x))'de^x$　　　　　　D. 以上答案都不对

3. 设 $f(x) = \begin{cases} x^2 \sin \dfrac{1}{x}, & x \neq 0 \\ 0, & x = 0 \end{cases}$，则 $f(x)$ 在 $x = 0$ 处 ( )
   A. 连续且可导　　B. 不连续不可导　　C. 连续但不可导　　D. 不连续但可导

4. 设 $y = x \ln x$，则 $y^{(10)}$ 为 ( )
   A. $-\dfrac{1}{x^9}$　　　　B. $\dfrac{1}{x^9}$　　　　C. $-\dfrac{8!}{x^9}$　　　　D. $\dfrac{8!}{x^9}$

5. 若 $f(x)$ 是偶函数，且 $f'(-x_0) = k \neq 0$，则 $f'(x_0)$ 为 ( )
   A. $-k$　　　　B. $-\dfrac{1}{k}$　　　　C. k　　　　D. $\dfrac{1}{k}$

二、填空题

1. 如果 $f(x)$ 在 x_0 处可导，则 $\lim\limits_{\Delta x \to 0} \dfrac{f(x_0 + 2\Delta x) - f(x_0)}{\Delta x} = $ _____，
   $\lim\limits_{h \to 0} \dfrac{f(x_0 - h) - f(x_0)}{h} = $ _____。

2. 直线 $y = 4x + b$ 是曲线 $y = x^2$ 的切线，则常数 $b = $ _____。

3. 设 $y = \ln(1 + 3^{-x})$，则 $dy = $ _____。

4. 曲线 $\begin{cases} x = 1 + t^2 \\ y = t^3 \end{cases}$ 在点 $(2,1)$ 处的切线方程为 _____。

5. 设函数 $y = f(x)$ 在 x_0 的某邻域内有 $f(x) - f(x_0) = 2(x - x_0) + o(x - x_0)$，则 $f'(x_0) = $ _____。

三、计算题

1. 求下列函数的导数

   (1) $y = x^3 + \dfrac{1}{x^3} + 3$；

   (2) $y = (3x^2 + x - 1)^3$；

(3) $y = \ln \tan 2x$;   (4) $y = 3e^{2x} + 2\cos 3x$;

2. 设 $f(x) = (x+10)^6$,求 $f''(2)$.

3. 设 $y = y(x)$ 是由方程 $y = 1 + xe^y$ 确定的,求 $\dfrac{dy}{dx}\bigg|_{x=0}$.

4. 设 $\begin{cases} x = \arctan t \\ y = \ln(1+t^2) \end{cases}$,求 $\dfrac{dy}{dx}$.

第3章 导数的应用

3.1 微分中值定理及洛必达法则

内容要点

1. 罗尔定理
2. 拉格朗日中值定理
3. 柯西中值定理
4. 洛比达法则

典型例题

例1 证明 $\arcsin x + \arccos x = \dfrac{\pi}{2}(-1 \leqslant x \leqslant 1)$.

证 设 $f(x) = \arcsin x + \arccos x, x \in [-1,1]$,

因为 $f'(x) = \dfrac{1}{\sqrt{1-x^2}} + \left(-\dfrac{1}{\sqrt{1-x^2}}\right) = 0$, 所以 $f(x) \equiv C, x \in [-1,1]$.

又因为 $f(0) = \arcsin 0 + \arccos 0 = 0 + \dfrac{\pi}{2} = \dfrac{\pi}{2}$, 即 $C = \dfrac{\pi}{2}$.

所以 $\arcsin x + \arccos x = \dfrac{\pi}{2}$.

例2 求 $\lim\limits_{x \to 1} \dfrac{x^3 - 3x + 2}{x^3 - x^2 - x + 1}$.

解 原式 $= \lim\limits_{x \to 1} \dfrac{3x^2 - 3}{3x^2 - 2x - 1} = \lim\limits_{x \to 1} \dfrac{6x}{6x - 2} = \dfrac{3}{2}$.

例3 求 $\lim\limits_{x \to 0} \dfrac{3x - \sin 3x}{\tan^2 x \ln(1+x)}$.

解 当 $x \to 0$ 时,$\tan x \simeq x, \ln(1+x) \simeq x$,

故 $\lim\limits_{x \to 0} \dfrac{3x - \sin 3x}{\tan^2 x \ln(1+x)} = \lim\limits_{x \to 0} \dfrac{3x - \sin 3x}{x^3} = \lim\limits_{x \to 0} \dfrac{3 - 3\cos 3x}{3x^2} = \lim\limits_{x \to 0} \dfrac{3 \sin 3x}{2x} = \dfrac{9}{2}$.

例4 求 $\lim\limits_{x \to 0}\left(\dfrac{1}{\sin x} - \dfrac{1}{x}\right)$.($\infty - \infty$ 型未定式)

解 $\lim\limits_{x \to 0}\left(\dfrac{1}{\sin x} - \dfrac{1}{x}\right) = \lim\limits_{x \to 0} \dfrac{x - \sin x}{x \cdot \sin x} = \lim\limits_{x \to 0} \dfrac{x - \sin x}{x^2} = \lim\limits_{x \to 0} \dfrac{1 - \cos x}{2x} = \lim\limits_{x \to 0} \dfrac{\sin x}{2} = 0$.

自我测试

一、选择题

1. 函数 $f(x)=x+\dfrac{1}{x}$ 在区间 $\left[\dfrac{1}{2},2\right]$ 上是 （　　）
   A. 满足罗尔定理的条件且 $\xi=-1$
   B. 满足罗尔定理的条件且 $\xi=1$
   C. 满足罗尔定理的条件且 $\xi=\pm 1$
   D. 不满足罗尔定理的条件

2. 判断函数 $f(x)=(x-1)(x-2)(x-3)$ 的导数有（　　）零点.
   A. 1 个　　　　B. 0 个　　　　C. 2 个　　　　D. 无法判断

3. 设 a,b 是方程 $f(x)=0$ 的两个根，$f(x)$ 在 $[a,b]$ 上连续，在 (a,b) 内可导，则 $f'(x)=0$ 在 (a,b) 内为 （　　）
   A. 只有一个实根　　　　　　　　　　B. 至少有一个实根
   C. 没有实根　　　　　　　　　　　　D. 至少有两个实根

4. 在区间 $[-1,1]$ 上满足罗尔定理条件的函数是 （　　）
   A. $y=\dfrac{\sin x}{x}$　　　2. $y=(x+1)^2$　　　C. $y=x^{\frac{2}{3}}$　　　D. $y=x^2+1$

5. 下列求极限问题是未定式的为 （　　）
   A. $\lim\limits_{x\to 0}\dfrac{x}{\cos x}$　　　　　　　　　　B. $\lim\limits_{x\to 0}x\arctan\dfrac{1}{x}$
   C. $\lim\limits_{x\to 0}x\ln x^2$　　　　　　　　　D. $\lim\limits_{x\to 0}\left(\dfrac{1}{x}-\tan x\right)$

二、填空题

1. 只有_____型及_____未定式可以直接应用洛必达法则，其他类型的未定式必须化为这两种类型，然后再应用洛必达法则.

2. 如果在 (a,b) 内恒有 $f'(x)=g'(x)$，则在 (a,b) 内恒有 $f(x)=$ _____.

3. 函数 $f(x)=2x^2-x+1$，在区间 $[-1,2]$ 上满足拉格朗日中定理的 $\xi=$ _____.

4. $\lim\limits_{x\to 0}\dfrac{e^x-1}{2x}=$ _____.

5. $\lim\limits_{x\to +\infty}\dfrac{\ln x}{x}=$ _____.

三、计算题

1. 求极限 $\lim\limits_{x\to 0}\dfrac{e^x-e^{-x}-2x}{x-\sin x}$.

2. 求极限 $\lim\limits_{x\to \infty}\dfrac{x^2}{x+e^x}$.

3. 求极限 $\lim\limits_{x\to 0}\left(\dfrac{1}{x}-\dfrac{1}{e^x-1}\right)$.

4. 求极限 $\lim\limits_{x\to 0} x\cot 2x$.

四、证明题

证明：当 $x\neq 0$ 时，$\arctan x^2+\arctan\dfrac{1}{x^2}=\dfrac{\pi}{2}$.

3.2 导数在判断函数单调性中的应用

内容要点

1. 函数的单调性：

设函数 $y=f(x)$ 在 $[a,b]$ 上连续，在 (a,b) 内可导，则

(1) 若在 (a,b) 内 $f'(x)>0$，则函数 $y=f(x)$ 在 $[a,b]$ 上单调增加；

(2) 若在 (a,b) 内 $f'(x)<0$，则函数 $y=f(x)$ 在 $[a,b]$ 上单调减少.

2. 判定曲线单调性的一般步骤为：

(1) 求函数的定义域；

(2) 求出使 $f'(x)=0$ 和 $f'(x)$ 不存在的点，并以这些点为分界点，将定义域分为若干个子区间；

(3) 确定 $f'(x)$ 在各个区间内的符号，从而判断出 $f(x)$ 的单调性.

典型例题

例 1 讨论函数 $y=e^x-x-1$ 的单调性.

解 因为 $y'=e^x-1$，又 $D:(-\infty,+\infty)$，

在 $(-\infty,0)$ 内，$y'<0$，所以函数在 $(-\infty,0)$ 上单调减少；

在 $(0,+\infty)$ 内，$y'>0$，所以函数在 $(0,+\infty)$ 上单调增加.

例 2 讨论函数 $y=\sqrt[3]{x^2}$ 的单调区间.

解 因为 $D:(-\infty,+\infty)$，$y'=\dfrac{2}{3\sqrt[3]{x}}(x\neq 0)$，当 $x=0$ 时，导数不存在.

当 $-\infty < x < 0$ 时，$y' < 0$，所以函数在 $(-\infty, 0]$ 上单调减少；

当 $0 < x < +\infty$ 时，$y' > 0$，所以函数在 $[0, +\infty)$ 上单调增加；

函数的单调区间为 $(-\infty, 0]$，$[0, +\infty)$.

自我测试

一、选择题

1. 若函数 $f(x)$ 在 $[a,b]$ 上连续，(a,b) 内可导且单调增加，则必有 （　　）
   A. $f'(x) < 0$　　　　B. $f'(x) > 0$　　　　C. $f'(x) \geq 0$　　　　D. 都不对

2. 设 $f(x)$ 在区间 $[a,b]$ 上有二阶导数，且 $f''(x) > 0$，则下列说法正确的是 （　　）
   A. $f'(b) > f'(a) > f(b) - f(a)$　　　　B. $f'(b) > f(b) - f(a) > f'(a)$
   C. $f(b) - f(a) > f'(b) > f'(a)$　　　　D. $f'(a) > f(b) - f(a) > f'(b)$

3. 函数 $y = e^x - x - 1$ 的单调性为 （　　）
   A. 函数单调增加　　　　B. 函数单调减少
   C. 函数没有单调性　　　D. 无法判断

4. 函数 $y = x - \ln(1 + x^2)$ 的单调性为 （　　）
   A. 单调增加　　　　B. 单调减少　　　　C. 没有单调性　　　　D. 无法判断

5. 关于函数 $f(x) = 2x^3 - 9x^2 + 12x - 3$ 的单调区间，单调性正确的是 （　　）
   A. 在 $(-\infty, 1]$ 上单调增加，在 $[1,2]$ 上单调减少，在 $[2, +\infty)$ 上单调增加
   B. 在 $(-\infty, 1]$ 上单调减少，在 $[1,2]$ 上单调增加，在 $[2, +\infty)$ 上单调减少
   C. 在 $(-\infty, 1]$ 上单调增加，在 $[1, +\infty)$ 上单调减少
   D. 在 $(-\infty, 2]$ 上单调减少，在 $[2, +\infty)$ 上单调增加

二、填空题

1. 函数 $f(x) = x^2 + 6x - 3$ 的驻点是_____.
2. 函数 $y = e^x - x + 1$ 的单调增加区间为_____.
3. 已知在区间 I 上 $f'(x) \equiv 0$，则 $f(x) =$ _____.

二、计算题

求函数 $y = 2 + x - x^2$ 的单调区间.

三、证明题

1. 证明：方程 $x^3 - 3x + 1 = 0$ 在 $(0,1)$ 内有唯一实根．

2. 证明：当 $x > 0$ 时，$e^x > 1 + x$．

3.3 导数在求函数极值、最值中的应用

内容要点

1. 函数的极值概念

2. 求函数极值的一般步骤：

(1) 确定函数 $f(x)$ 的定义域，求出导数 $f'(x)$；

(2) 求出 $f(x)$ 的驻点和不可导点；

(3) 列表判断；

(4) 确定函数的所有极值点和相应的极值．

3. 函数的最值：

(1) 求函数在 $[a,b]$ 上的最大(小)值：计算函数 $f(x)$ 在一切可能极值点的函数值，并将它们与 $f(a),f(b)$ 相比较，这些值中最大的就是最大值，最小的就是最小值；

(2) 对于开区间 (a,b) 上的连续函数 $f(x)$，如果在这个区间内只有一个可能的极值点，并且函数在该点确有极值，则这点就是函数在所给区间上的最大值(或最小值)点．

典型例题

例 1 求出函数 $f(x) = x^3 + 3x^2 - 24x - 20$ 的极值．

解 $f'(x) = 3x^2 + 6x - 24 = 3(x+4)(x-2)$，令 $f'(x) = 0$，得驻点 $x_1 = -4, x_2 = 2$．

又 $f''(x) = 6x + 6$，所以 $f''(-4) = -18 < 0$，故极大值 $f(-4) = 60$；因为 $f''(2) = 18 > 0$，故

极小值 $f(2) = -48$.

例 2 求 $y = 2x^3 + 3x^2 - 12x + 14$ 的在 $[-3, 4]$ 上的最大值与最小值.

解 因为 $f'(x) = 6(x+2)(x-1)$，解方程 $f'(x) = 0$，得 $x_1 = -2, x_2 = 1$.
计算得 $f(-3) = 23, f(-2) = 34, f(1) = 7, f(4) = 142$，比较得最大值 $f(4) = 142$，最小值 $f(1) = 7$.

例 3 已知某厂生产 x 件产品的成本为 $C(x) = 250\,000 + 200x + \frac{1}{4}x^2$（元）. 问：

(1) 要使平均成本最小，应生产多少件产品？

(2) 若产品以每件 500 元售出，要使利润最大，应生产多少件产品？

解 (1) 由 $\left(\frac{C(x)}{x}\right)' = -\frac{250\,000}{x^2} + \frac{1}{4} = 0$，得 $x = 1\,000$. 又 $\left(\frac{C(x)}{x}\right)'' = \frac{500\,000}{x^3} > 0$，知 $x = 1\,000$ 为最小值点，即要使平均单位成本最小，应生产 1 000 件.

(2) 依题意，利润函数为

$$L(x) = 500x - 250\,000 - 200x - \frac{1}{4}x^2$$

由 $L'(x) = -\frac{1}{2}x + 300 = 0$，得 $x = 600$，又 $L''(x) = -\frac{1}{2} < 0$，知当产量为 600 件时，利润最大.

自我测试

一、选择题

1. 设函数 $f(x)$ 在区间 (a, b) 内可导，且 $f'(x) > 0$，则 $f(x)$ 在 (a, b) 内为 （　　）
   A. 有极值，无最大(小)值
   B. 有最大(小)值，无极值
   C. 既有极值，又有最大(小)值
   D. 既无极值，又无最大(小)值

2. 函数 $f(x) = x(x-2)$ 在区间 $(0, 2)$ 内为 （　　）
   A. 有最在值，无最小值
   B. 有最小值，无最大值
   C. 既有最大值，又有最小值
   D. 既无最大值，又无最小值

3. 一阶导数 $f'(x_0) = 0$，且二阶导数 $f''(x) \neq 0$ 是函数 $f(x)$ 在点 x_0 处有极值的 （　　）
   A. 充分但非必要条件
   B. 必要但非充分条件
   C. 充分必要条件
   D. 既非充分又非必要条件

4. 设函数 $f(x)$ 在 $x = 2$ 内某邻域内可导，且 $f'(2) = 0$，又 $\lim\limits_{x \to 2} \frac{f'(x)}{(x-2)^2} = -2$，则 $f(2)$ 为 （　　）
   A. 必是 $f(x)$ 的极大值

B. 必是 $f(x)$ 的极小值

C. 不一定是 $f(x)$ 的极值

D. 一定不是 $f(x)$ 的极值

5. 函数 $y = \ln(1+x^2) - x$ 在其定义域上为 ( )

　A. 单调增加　　　　　　　　　　B. 单调减少

　C. 有增有减　　　　　　　　　　D. 不增不减

二、填空题

1. 函数 $y = \sin x - x$ 在 $[0, \pi]$ 上最大值是_____.

2. 已知 $x = \dfrac{\pi}{3}$ 是 $f(x) = a\sin x + \dfrac{1}{3}\sin 3x$ 的极值点, 则 $a = $_____.

3. $y = xe^{-x}$ 的单调增区间是_____, 单调减区间是_____.

4. 已知 $f(x) = x^3 + ax^2 + bx$ 在 $x = 1$ 处有极值 -2, 则常数 $a = $_____, $b = $_____.

5. 函数 $f(x) = xe^{-x}$ 在 $[-1, 2]$ 上最小值是_____。

三、计算题

1. 求函数 $f(x) = 2x^2 - \ln x$ 的极值.

2. 设 $x_1 = 1, x_2 = 2$ 均是 $y = a\ln x + bx^2 + 3x$ 的极值点, 求 a, b 的值.

3. 求出函数 $f(x) = 2x^2 + x$ 在 $[-1,1]$ 上的最小值.

四、解答题

欲建一座底面是正方形的平顶仓库,使容积为 $1\,500\ \text{m}^3$,已知屋顶造价是四壁造价的 3 倍(地面不处理),求仓库的高和底边长,使总造价最低.

3.4 曲线的凹凸性及其拐点

内容要点

1. 设 $f(x)$ 在 $[a,b]$ 上连续，在 (a,b) 内具有一阶和二阶导数，则

(1) 若在 (a,b) 内，$f''(x) > 0$，则 $f(x)$ 在 $[a,b]$ 上的图形是凹的；

(2) 若在 (a,b) 内，$f''(x) < 0$，则 $f(x)$ 在 $[a,b]$ 上的图形是凸的.

2. 连续曲线上凹弧与凸弧的分界点称为曲线的拐点.

3. 判定曲线的凹凸性与求曲线的拐点的一般步骤为：

(1) 求函数的二阶导数 $f''(x)$；

(2) 令 $f''(x) = 0$，解出全部实根，并求出所有使二阶导数不存在的点；

(3) 对步骤(2)中求出的每一个点，检查其邻近左、右两侧 $f''(x)$ 的符号，确定曲线的凹凸区间和拐点.

4. 函数图形的描绘

典型例题

例1 求曲线 $y = x^4 - 2x^3 + 1$ 的拐点及凹凸区间.

解 易见函数的定义域为 $(-\infty, +\infty)$，

$y' = 4x^3 - 6x^2$，$y'' = 12x(x-1)$. 令 $y'' = 0$，得 $x_1 = 0, x_2 = 1$.

x	$(-\infty, 0)$	0	(0,1)	1	$(1, +\infty)$
$f''(x)$	+	0	−	0	+
$f(x)$	凹的	拐点(0,1)	凸的	拐点(1,0)	凹的

所以，曲线的凹区间为 $(-\infty, 0), (1, +\infty)$，凸区间为 $(0,1)$，拐点为 $(0,1)$ 和 $(1,0)$.

例2 按照以下步骤作出函数 $f(x) = x^4 - 4x^3 + 10$ 的图形.

(1) 求 $f'(x)$ 和 $f''(x)$；

(2) 分别求 $f'(x)$ 和 $f''(x)$ 的零点；

(3) 确定函数的增减性、凹凸性、极值点和拐点；

(4) 作出函数 $f(x) = x^4 - 4x^3 + 10$ 的图形.

解 (1) $f'(x) = 4x^3 - 12x^2$，$f''(x) = 12x^2 - 24x$.

(2) 由 $f'(x) = 4x^3 - 12x^2 = 0$，得到 $x = 0$ 和 $x = 3$.

由 $f''(x) = 12x^2 - 24x = 0$，得到 $x = 0$ 和 $x = 2$.

(3) 列表确定函数升降区间、凹凸区间及极值和拐点，见下表。

x	$(-\infty, 0)$	0	(0,2)	2	(2,3)	3	$(3, +\infty)$
$f'(x)$	−	0	−		−	0	+
$f''(x)$	+	0	−	0	+	0	+
$f(x)$	↘	拐点	↘	拐点	↘	极值点	↗

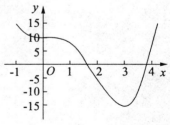

(4) 算出 $x = 0, x = 2, x = 3$ 处的函数值：

$f(0) = 10, f(2) = -6, f(3) = -17$.

根据以上结论，用平滑曲线连接这些点，如右图所示.

自我测试

一、选择题

1. 设函数 $f(x)$ 在 (a,b) 内恒有 $f'(x)>0$, $f''(x)<0$, 则曲线 $y=f(x)$ 在 (a,b) 内 ( )
   A. 单调上升, 是凹的
   B. 单调上升, 是凸的
   C. 单调下降, 的凹的
   D. 单调下降, 是凸的

2. 设 $f'(x)=(x-1)(2x+1)$, $x\in(-\infty,+\infty)$, 则在 $(\frac{1}{2},1)$ 内 $f(x)$ 单调 ( )
   A. 增加, 凹曲线
   B. 减少, 凹曲线
   C. 减少, 凸曲线
   D. 增加, 凸曲线

3. 曲线 $y=3x^2-x^3$ 在 ( )
   A. $(1,+\infty)$ 是凹的, 在 $(-\infty,1)$ 内凸的
   B. $(1,+\infty)$ 是凸的, 在 $(-\infty,1)$ 内凹的
   C. $(0,+\infty)$ 是凸的, 在 $(-\infty,0)$ 内凹的
   D. $(0,+\infty)$ 是凹的, 在 $(-\infty,0)$ 内凸的

3. 若 $(x_0,f(x_0))$ 是曲线 $y=f(x)$ 的拐点, 则 ( )
   A. 必有 $f''(x_0)$ 存在, 且等于零
   B. $f''(x_0)$ 一定存在, 但不一定等于零
   C. 如果 $f''(x_0)$ 存在, 必等于零
   D. 如果 $f''(x_0)$ 存在, 一定不是零

4. 若 $(x_0,f(x_0))$ 是连续曲线 $y=f(x)$ 上的凹弧与凸弧的分界点, 则 ( )
   A. $(x_0,f(x_0))$ 为曲线的拐点
   B. $(x_0,f(x_0))$ 为曲线的驻点
   C. x_0 为 $f(x)$ 的极值点
   D. x_0 一定不是 $f(x)$ 的极值点

5. 设 $f(x)=\dfrac{x}{3-x}$, 则曲线 ( )
   A. 仅有水平渐近线
   B. 仅有垂直渐近线
   C. 既有水平渐近线又有垂直渐近线
   D. 无渐近线

二、填空题

1. 函数 $y=\ln x$ 在 $[1,+\infty)$ 内的图形是_____(单调性、凹凸性).

2. 曲线 $y=(x-1)^3$ 的凹区间为_____, 凸区间为_____.

3. 函数 $y=x^3-5x^2+3x+5$ 的拐点为_____.

4. 曲线 $y=\dfrac{1}{x-1}$ 的渐近线为_____.

5. 曲线 $y=\dfrac{x^2+x}{(x-2)(x+3)}$ 有_____条渐近线.

三、解答题

1. 求函数 $y=xe^{-x}$ 图形的凹凸区间与拐点.

2. 确定曲线 $y = (x+3)\sqrt{x}$ 的凹凸区间与拐点.

3. 求曲线 $y = \dfrac{1}{x-2} + 5$ 的渐近线.

3.5 曲 率

内容要点

1. 弧微分的概念：
$$ds = \sqrt{(dx)^2 + (dy)^2}$$

2. 曲率及其计算公式：
$$K = \dfrac{|y''|}{(1+y'^2)^{\frac{3}{2}}}$$

3. 曲率圆的概念及曲率半径

典型例题

例 1 求曲线 $y = \tan x$ 在点 $(\dfrac{\pi}{4}, 1)$ 处的曲率与曲率半径.

解 $y' = \sec^2 x, y'' = 2\sec^2 x \tan x = \dfrac{2\sin x}{\cos^3 x}$，曲率 K 及曲率半径 R 分别为

$$K = \dfrac{|y''|}{(1+y'^2)^{3/2}}, R = \dfrac{1}{K} = \dfrac{(1+y'^2)^{3/2}}{|y''|}$$

由 $y'|_{x=\pi/4}=2$ 及 $y''|_{x=\pi/4}=4$, 得点 $\left(\dfrac{\pi}{4},1\right)$ 处的曲率与曲率半径分别为 $K=\dfrac{4\sqrt{5}}{25}$, $R=\dfrac{5\sqrt{5}}{4}$.

例 2 抛物线 $y=ax^2+bx+c$ 上哪一点的曲率最大?

解 $y'=2ax+b, y''=2a$,

因为 $K=\dfrac{|2a|}{[1+(2ax+b)^2]^{\frac{3}{2}}}$. 显然, 当 $x=-\dfrac{b}{2a}$ 时, K 最大.

又因为 $\left(-\dfrac{b}{2a},-\dfrac{b^2-4ac}{4a}\right)$ 为抛物线的顶点, 故抛物线在顶点处的曲率最大.

自我测试

一、选择题

1. 已知 $y=ax+b$ 的图形在任意点 (x,y) 处的曲率为 ( )

   A. 0　　B. $\dfrac{a}{1+a^2}$　　C. $\dfrac{a}{(1+a^2)^{\frac{3}{2}}}$　　D. $\dfrac{a}{(1+a^2x^2)^{\frac{3}{2}}}$

2. 双曲线 $xy=a^2(a>0)$ 在点 (a,a) 处的曲率为 ( )

   A. $\dfrac{1}{\sqrt{2}a}$　　B. $\sqrt{2}a$　　C. $\dfrac{\sqrt{2}}{a}$　　D. $\dfrac{1}{2\sqrt{2}a}$

3. 曲线 $xy=1$ 在点 $(1,1)$ 处的曲率半径为 ( )

   A. $\sqrt{2}$　　B. $-\sqrt{2}$　　C. 2　　D. -2

4. 曲线弧 $y=\sin x, (0<x<\pi)$ 在 ( ) 处曲率半径最小.

   A. $\left(\dfrac{\pi}{2},1\right)$　　B. $\left(-\dfrac{\pi}{2},-1\right)$　　C. $(\pi,0)$　　D. $(0,0)$

5. 曲线 $y=\tan x$ 在点 $\left(\dfrac{\pi}{4},1\right)$ 处的曲率与曲率半径为 ( )

   A. $K=\dfrac{4\sqrt{5}}{25}, R=\dfrac{5\sqrt{5}}{4}$　　　　B. $K=\dfrac{2\sqrt{5}}{25}, R=\dfrac{5\sqrt{5}}{4}$

   C. $K=\dfrac{2\sqrt{5}}{25}, R=\dfrac{\sqrt{5}}{4}$　　　　D. $K=\dfrac{4\sqrt{5}}{25}, R=\dfrac{\sqrt{5}}{4}$

二、计算题

1. 计算 $y=\ln x$ 在点 $(1,0)$ 处的曲率半径和曲率圆方程.

2. 求曲线 $y = x^2 - 4x + 3$ 在点 $(\dfrac{\pi}{4}, 1)$ 处的曲率.

3. 求曲线 $\begin{cases} x = a\cos^3 t \\ y = a\sin t \end{cases}$ 在 $t = \dfrac{\pi}{4}$ 处的曲率.

本章测试题

一、选择题

1. 在区间 $[-1, 1]$ 上满足拉格朗日中值定理条件的函数是 ( )

   A. $\sqrt[5]{x^4}$ B. $y = \ln(1+x^2)$ C. $y = \dfrac{\cos x}{x}$ D. $y = \dfrac{1}{1-x^2}$

2. 若函数 $y = f(x)$ 在点 $x = x_0$ 处取得极大值, 则必有 ( )

   A. $f'(x_0) = 0$ B. $f'(x_0) = 0$ 且 $f''(x_0) < 0$
   C. $f''(x_0) < 0$ D. $f'(x_0) = 0$ 或 $f'(x_0)$ 不存在

3. 设 $f(x) = (x-1)(2x+1)$, $x \in (-\infty, \infty)$, 则在 $(-\dfrac{1}{2}, 1)$ 内为 ( )

   A. $f(x)$ 单调增加, 图形凹的   B. $f(x)$ 单调减少, 图形凹的
   C. $f(x)$ 单调增加, 图形凸的   D. $f(x)$ 单调减少, 图形凸的

4. 条件 $f''(x_0) = 0$ 是曲线 $y = f(x)$ 在 $x = x_0$ 处有拐点的 ( )

   A. 必要条件   B. 充分条件
   C. 充分必要条件   D. 既不充分, 也不必要条件

5. 设函数 $f(x)$ 在区间 $[a, b]$ 上存在极大值与最小值, 则下列结论中正确的是 ( )

   A. 极大值与极小值均唯一   B. 极大值不小于极小值
   C. $f(x)$ 在 $[a, b]$ 上不是常数   D. $f(a)$ 与 $f(b)$ 可能是极大值或极小值

二、填空题

1. 曲线 $f(x) = x^2 - e^x$ 凹区间是_____.

2. $\lim\limits_{x \to 0} \dfrac{e^x + e^{-x} - 2}{x^2} =$ _____.

3. 曲线 $y = x^2$ 在点 $(1,1)$ 处的曲率 $K =$ _____.

4. 曲线 $y = e^{-\frac{1}{x}}$ 的水平渐近线是_____.

5. 曲线 $f(x) = 4 - x^2 - \ln\sqrt{x}$ 的拐点为_____.

三、计算题

1. 用洛必达法则求下列极限

(1) $\lim\limits_{x \to 0} \dfrac{\sin ax}{\tan bx}$;

(2) $\lim\limits_{x \to +\infty} \dfrac{\ln(1+e^x)}{e^x}$;

(3) $\lim\limits_{x \to 0} \dfrac{x - \sin x}{x^2}$;

(4) $\lim\limits_{x \to 0^+} x^{\sin x}$;

2. 求下列函数的极值

(1) $f(x) = \dfrac{x^3}{3} - \dfrac{x^2}{2} - 2x + \dfrac{1}{3}$;

(2) $f(x) = x^2 e^{-x}$.

3. 求函数 $f(x) = x^3 - 3x^2 + 7$ 的凹凸性和拐点.

4. 求曲线 $y = \dfrac{\sin x}{x}$ 的渐近线.

第4章 不定积分

4.1 不定积分的概念和性质

内容要点

1. 原函数、不定积分的概念
2. 基本积分表
3. 不定积分的性质
4. 不定积分的几何意义
5. 直接积分法：
利用不定积分的运算性质和基本积分公式，直接求出不定积分的方法.

典型例题

例 1 求下列不定积分

(1) $\int x^3 dx$；　　　(2) $\int \frac{1}{x^2} dx$；　　　(3) $\int \frac{1}{1+x^2} dx$.

解 (1) 因为 $\left(\frac{x^4}{4}\right)' = x^3$，所以 $\frac{x^4}{4}$ 是 x^3 的一个原函数，从而 $\int x^3 dx = \frac{x^4}{4} + C$ (C 为任意常数).

(2) 因为 $\left(-\frac{1}{x}\right)' = \frac{1}{x^2}$，所以 $-\frac{1}{x}$ 是 $\frac{1}{x^2}$ 的一个原函数，从而 $\int \frac{1}{x^2} dx = -\frac{1}{x} + C$ (C 为任意常数).

(3) 因为 $(\arctan x)' = \frac{1}{1+x^2}$，故 $\arctan x$ 是 $\frac{1}{1+x^2}$ 的原函数，从而 $\int \frac{1}{1+x^2} dx = \arctan x + C$ (C 为任意常数).

例 2 已知曲线 $y = f(x)$ 在任一点 x 处的切线斜率为 $2x$，且曲线通过点 $(1,2)$，求此曲线的方程.

解 根据题意知 $f'(x) = 2x$，即 $f(x)$ 是 $2x$ 的一个原函数，从而 $f(x) = \int 2x dx = x^2 + C$.

现在要从上述积分曲线族中选出通过点 $(1,2)$ 的那条曲线，由曲线通过点 $(1,2)$，得

$$2 = 1^2 + C \Rightarrow C = 1$$

故所求曲线方程为 $y = x^2 + 1$.

自我测试

一、选择题

1. 设函数 $f(x)=a^x, g(x)=\dfrac{a^x}{\ln a}(a>0,a\neq 1)$,则有结论 ( )

   A. $g(x)$ 是 $f(x)$ 的不定积分 B. $g(x)$ 是 $f(x)$ 的导数
   C. $f(x)$ 是 $g(x)$ 的原函数 D. $g(x)$ 是 $f(x)$ 的原函数

2. 函数的( )原函数,称为不定积分.

   A. 唯一 B. 某一个 C. 所有 D. 任意一个

3. 若 $f(x)$ 是 $g(x)$ 的一个原函数,则下列正确的是 ( )

   A. $\int f(x)\mathrm{d}x=g(x)+C$ B. $\int f'(x)\mathrm{d}x=g(x)+C$
   C. $\int g(x)\mathrm{d}x=f(x)+C$ D. $\int g'(x)\mathrm{d}x=f(x)+C$

4. $\int f(x)\mathrm{d}x=x^2\mathrm{e}^{2x}+C$,则 $f(x)$ 为 ( )

   A. $2x\mathrm{e}^{2x}$ B. $2x^2\mathrm{e}^{2x}$ C. $x\mathrm{e}^{2x}+C$ D. $2x\mathrm{e}^{2x}(1+x)$

5. 已知曲线 $y=f(x)$ 上任一点 $(x,f(x))$ 处切线的斜率为 $2x$,且此曲线经过点 $(1,-2)$,则此曲线的方程为 ( )

   A. $y=-3x+1$ B. $y=x^2+C$ C. $y=x^2-3$ D. $y=-x^2-1$

二、填空题

1. 若 $\int f(x)\mathrm{d}x=2\sin\dfrac{x}{2}+C$,则 $f(x)=$ _____.

2. 不定积分 $\int x^3\mathrm{d}x=$ _____.

3. 不定积分 $\int\dfrac{1}{1+x^2}\mathrm{d}x=$ _____.

4. $\int\mathrm{d}F(x)=$ _____.

5. 设 $f(x)$ 的一个原函数是 e^{-2x},则 $f(x)=$ _____.

三、计算下列不定积分

1. $\int(x^2+2x+5)\mathrm{d}x$.   2. $\int x^2\sqrt{x}\,\mathrm{d}x$.

3. $\int (e^x - 3\cos x)dx$.

4. $\int e^{x-3}dx$.

5. $\int \dfrac{x^2}{1+x^2}dx$.

6. $\int \dfrac{\cos 2x}{\cos x + \sin x}dx$.

四、解答题

一曲线通过点$(e^2,3)$,且在任一点处的切线的斜率等于该点横坐标的倒数,求该曲线的方程.

4.2 换元积分法

内容要点

1. 第一换元积分法(凑微分法):
$$\int g(\varphi(x))\varphi'(x)dx = \int g(u)du = F(u) + C = F(\varphi(x)) + C$$

2. 常用凑微分公式

	积分类型	换元公式
第一换元积分法	1. $\int f(ax+b)dx = \dfrac{1}{a}\int f(ax+b)d(ax+b)$ $(a \neq 0)$	$u = ax+b$
	2. $\int f(x^\mu)x^{\mu-1}dx = \dfrac{1}{\mu}\int f(x^\mu)d(x^\mu)$ $(\mu \neq 0)$	$u = x^\mu$
	3. $\int f(\ln x) \cdot \dfrac{1}{x}dx = \int f(\ln x)d(\ln x)$	$u = \ln x$
	4. $\int f(e^x) \cdot e^x dx = \int f(e^x)de^x$	$u = e^x$
	5. $\int f(a^x) \cdot a^x dx = \dfrac{1}{\ln a}\int f(a^x)da^x$	$u = a^x$
	6. $\int f(\sin x) \cdot \cos x dx = \int f(\sin x)d\sin x$	$u = \sin x$
	7. $\int f(\cos x) \cdot \sin x dx = -\int f(\cos x)d\cos x$	$u = \cos x$
	8. $\int f(\tan x)\sec^2 x dx = \int f(\tan x)d\tan x$	$u = \tan x$
	9. $\int f(\cot x)\csc^2 x dx = -\int f(\cot x)d\cot x$	$u = \cot x$
	10. $\int f(\arctan x)\dfrac{1}{1+x^2}dx = \int f(\arctan x)d(\arctan x)$	$u = \arctan x$
	11. $\int f(\arcsin x)\dfrac{1}{\sqrt{1-x^2}}dx = -\int f(\arcsin x)d(\arcsin x)$	$u = \arcsin x$

3. 第二换元法：

$$\int f(x)dx = \int f(\varphi(t))\varphi'(t)dt = F(t) + C = F((\varphi)) + C$$

典型例题

例1 求不定分 $\int \dfrac{1}{3+2x}dx$.

解 $\int \dfrac{1}{3+2x}dx = \dfrac{1}{2}\int \dfrac{1}{3+2x} \cdot (3+2x)'dx =$

$\dfrac{1}{2}\int \dfrac{1}{3+2x}d(3+2x) \xrightarrow{3+2x=u} \dfrac{1}{2}\int \dfrac{1}{u}du =$

$\dfrac{1}{2}\ln|u| + C \xrightarrow{u=3+2x} \dfrac{1}{2}\ln|3+2x| + C.$

例2 计算不定积分 $\int xe^{x^2}dx$.

解 $\int xe^{x^2}dx = \dfrac{1}{2}\int e^{x^2}(x^2)'dx = \dfrac{1}{2}\int e^{x^2}d(x^2) \xrightarrow{x^2=u} \dfrac{1}{2}\int e^u du = \dfrac{1}{2}e^u + C \xrightarrow{u=x^2} \dfrac{1}{2}e^{x^2} + C.$

例3 求不定积分 $\int \dfrac{1}{x+\sqrt{x}}dx$.

解 令 $t = \sqrt{x}$，则 $x = t^2$，$dx = 2tdt$，则

$$\int \frac{1}{x+\sqrt{x}}dx = \int \frac{1}{t^2+t}\cdot 2t\,dt = 2\int \frac{1}{t+1}dt = 2\ln|t+1| + C = 2\ln(\sqrt{x}+1) + C.$$

自我测试

一、选择题

1. 下列各式中，不正确的是 （　　）

   A. $dx = \frac{1}{7}d(7x-3)$ 　　　　　　B. $xdx = \frac{1}{2}d(1-x^2)$

   C. $x^3 dx = \frac{1}{12}d(3x^4 - 2)$ 　　　　D. $e^{2x}dx = \frac{1}{2}d(e^{2x})$

2. $x^3 dx = (\quad) d(3x^4 - 2)$

   A. $-\frac{1}{6}$ 　　　　B. $\frac{1}{6}$ 　　　　C. $-\frac{1}{12}$ 　　　　D. $\frac{1}{12}$

3. 设 $a \neq 0, \alpha \in \mathbf{R}$，且 $\alpha \neq -1$，则 $\int (ax+b)^{\alpha} dx$ 为 （　　）

   A. $\frac{a}{\alpha}(ax+b)^{\alpha+1} + C$

   B. $\frac{a}{\alpha+1}(ax+b)^{\alpha+1} + C$

   C. $\frac{1}{\alpha a}(ax+b)^{\alpha+1} + C$

   D. $\frac{1}{a(\alpha+1)}(ax+b)^{\alpha+1} + C$

4. $\int \frac{e^{\sqrt{x}}}{\sqrt{x}}dx$ 为 （　　）

   A. $e^{\sqrt{x}}$ 　　　B. $2e^{\sqrt{x}}$ 　　　C. $2e^{\sqrt{x}} + C$ 　　　D. $-2e^{\sqrt{x}} + C$

5. 设 $I = \int \frac{dx}{1+\sqrt{x}}$，则 I 为 （　　）

   A. $-2\sqrt{x} + 2\ln(1+\sqrt{x}) + C$　　　　B. $2\sqrt{x} + 2\ln(1+\sqrt{x}) + C$

   C. $2\sqrt{x+1}\ln(1+\sqrt{x+1}) + C$　　　　D. $\ln(1+\sqrt{x+1}) + C$

二、填空题

1. 设 $\int f(x)dx = F(x) + C$，则 $\int f(b-ax)dx = $ ＿＿＿＿＿＿＿．

2. $d\int \cos x\,dx = $ ＿＿＿＿＿＿＿．

3. $\int \frac{\sin x}{1+\cos x}dx = $ ＿＿＿＿＿＿＿．

4. $\int \frac{1+x+\ln x}{x}dx = $ ＿＿＿＿＿＿＿．

5. $\int \frac{2-x}{\sqrt{1-x}}dx = $ ＿＿＿＿＿＿＿．

三、计算下列不定积分

1. $\int \sin 3x \, dx$.

2. $\int \dfrac{x}{1+x^2} \, dx$.

3. $\int \dfrac{\ln x}{x} \, dx$.

4. $\int \sin^3 x \cos x \, dx$.

5. $\int e^{5x+1} \, dx$.

6. $\int \sqrt[3]{1-2x} \, dx$.

7. $\int \dfrac{1}{\sqrt{1+x}} \, dx$.

8. $\int \dfrac{1}{\sqrt{x}(1+\sqrt[3]{x})} \, dx$.

4.3 分部积分法

内容要点

分部积分公式：

$$\int u\,dv = uv - \int v\,du$$

分部积分法实质上就是求两函数乘积的导数（或微分）的逆运算. 一般地，下列类型的被积函数常考虑应用分部积分法（其中 m, n 都是正整数）.

$$
\begin{array}{lll}
x^n \sin mx & x^n \cos mx & \\
e^{nx} \sin mx & e^{nx} \cos mx & \\
x^n e^{mx} & x^n (\ln x) & \\
x^n \arcsin mx & x^n \arccos mx & x^n \arctan mx
\end{array}
$$

典型例题

例1 求不定积分 $\int x\cos x\,dx$.

解一 令 $u = \cos x, x\,dx = d\left(\dfrac{x^2}{2}\right) = dv$，则

$$\int x\cos x\,dx = \int \cos x\,d\left(\dfrac{x^2}{2}\right) = \dfrac{x^2}{2}\cos x + \int \dfrac{x^2}{2}\sin x\,dx$$

显然，u, dv 选择不当，积分更难进行.

解二 令 $u = x, \cos x\,dx = d\sin x = dv$，则

$$\int x\cos x\,dx = \int x\,d\sin x = x\sin x - \int \sin x\,dx = x\sin x + \cos x + C$$

例2 求不定积分 $\int x^2 e^x\,dx$.

解 令 $u = x^2, e^x\,dx = de^x = dv$，则

$$\int x^2 e^x\,dx = \int x^2\,de^x = x^2 e^x - 2\int xe^x\,dx = x^2 e^x - 2\int x\,de^x = x^2 e^x - 2(xe^x - e^x) + C$$

例3 求不定积分 $\int x^3 \ln x\,dx$.

解
$$\int x^3 \ln x\,dx = \int \ln x\,d\left(\dfrac{x^4}{4}\right) = \dfrac{1}{4}x^4 \ln x - \dfrac{1}{4}\int x^3\,dx = \dfrac{1}{4}x^4 \ln x - \dfrac{1}{16}x^4 + C.$$

自我测试

一、选择题

1. $\int xf''(x)\,dx$ 为　　　　　　　　　　　　　　　　　　　　　　　　　　　　（　　）

   A. $xf'(x) - \int f(x)\,dx$　　　　　　　　B. $xf'(x) - \int f(x)\,dx + C$

C. $xf'(x) - f(x)$ D. $-xf'(x) + f(x) + C$

2. 设 $I = \int \ln x \, dx$，则 I 为   (   )

   A. $\dfrac{1}{x} + C$ B. $x\ln x + C$

   C. $x\ln x - x + C$ D. $\dfrac{1}{2}(\ln x)^2 + C$

3. 不定积分 $\int x\cos\dfrac{x}{2}dx$ 为   (   )

   A. $2x\sin\dfrac{x}{2} + 4\cos\dfrac{x}{2} + C$ B. $x^2\sin\dfrac{x}{2} + \cos\dfrac{x}{2} + C$

   C. $x\cos\dfrac{x}{2} - \tan\dfrac{x}{2} + C$ D. $\sin\dfrac{x}{2} + x\cos\dfrac{x}{2} + C$

4. 计算 $\int x\sin x \, dx$，可设 u, dv 分别为   (   )

   A. $x, d(-\cos x)$ B. $-x, d(-\cos x)$

   C. $x, d(-\sin x)$ D. $-x, d(\sin x)$

5. 已知 $F(x)$ 是 $\cos x$ 的一个原函数，且 $F(0) = 0$，则 $\int xF(x)dx$ 为   (   )

   A. $x\sin x - \cos x + C$ B. $x\cos x - \sin x + C$

   C. $-x\sin x + \cos x + C$ D. $-x\cos x + \sin x + C$

二、填空题

1. 计算 $\int x\sin x \, dx$，可设 $u = $ _____，$dv = $ _____．

2. 计算 $\int \arcsin x \, dx$，可设 $u = $ _____，$dv = $ _____．

3. 计算 $\int x\ln x \, dx$，可设 $u = $ _____，$dv = $ _____．

4. 计算 $\int xe^x \, dx$，可设 $u = $ _____，$dv = $ _____．

5. 计算 $\int e^x \sin x \, dx$，可设 $u = $ _____，$dv = $ _____．

三、计算下列不定积分

1. $\int xe^{3x}dx$．   2. $\int \ln x \, dx$．

3. $\int x^2 \cos x \, dx$.

4. $\int e^{\sqrt{x}} \, dx$.

5. $\int x \sin 2x \, dx$.

6. $\int \arcsin x \, dx$.

本章测试题

一、选择题

1. 若 $\int f(x) \, dx = F(x) + C$，则 $\int e^{-x} f(e^{-x}) \, dx$ 为 （   ）

   A. $F(e^x) + C$
   B. $F(e^{-x}) + C$
   C. $-F(e^x) + C$
   D. $\dfrac{F(e^{-x})}{x} + C$

2. 下列等式成立的是 （   ）

   A. $2x e^{x^2} dx = d e^{x^2}$
   B. $\dfrac{1}{x+1} dx = d(\ln x) + 1$
   C. $\arctan x \, dx = d\dfrac{1}{1+x^2}$
   D. $\cos 2x \, dx = d \sin 2x$

3. 设 $\int f(x) \, dx = x \sin x + C$，则 $f(x)$ 为 （   ）

   A. $x \sin x + \cos x$
   B. $x \cos x - \sin x$
   C. $\sin x - x \cos x$
   D. $\sin x + x \cos x$

4. 下列不等式中不正确的选项是 （   ）

   A. $\left[\int f(x) \, dx \right]' = f(x)$
   B. $d\left[\int f(x) \, dx \right] = f(x) \, dx$
   C. $\int f'(x) \, dx = f(x) + C$
   D. $\int dF(x) = F(x)$

5. 下列凑微分正确的是 ( )

A. $\ln x \, dx = d(\frac{1}{x})$ 	B. $\frac{1}{\sqrt{1-x^2}} dx = d\sin x$

C. $\frac{1}{x^2} dx = d(-\frac{1}{x})$ 	D. $\sqrt{x} \, dx = d\sqrt{x}$

二、填空题

1. 不定积分 $\int x f''(x) dx = $ _____.

2. 不定积分 $\int \frac{1}{x^2} \cos \frac{1}{x} dx = $ _____.

3. 设 $\int f(x) dx = \frac{1}{6} \ln(3x^2 - 1) + C$，则 $f(x) = $ _____.

4. 若 $f(x) = x + \sqrt{x} \ (x > 0)$，则 $\int f'(x^2) dx = $ _____.

5. 函数 $f(x) = x^2$ 的积分曲线过点 $(-1, 2)$，则这条积分曲线在该点的切线方程为 _____.

三、计算题

1. $\int (e^x - 3\cos x) dx$. 	2. $\int \frac{\cos 2x}{\cos x + \sin x} dx$.

3. $\int e^{5x+1} dx$. 	4. $\int \frac{x}{x^2 + 5} dx$.

5. $\int x\ln(x-1)\,dx$.

6. $\int (x^2+2)\cos x\,dx$.

7. 设 $f(x)$ 有一个原函数 $\dfrac{\sin x}{x}$，求 $\int xf'(x)\,dx$.

第5章 微分方程

5.1 微分方程的基本概念

内容要点

1. 微分方程的概念

一阶微分方程 $F(x,y,y')=0$，二阶微分方程 $F(x,y,y',y'')=0$，其中 x 为自变量，$y=y(x)$ 是未知函数.

2. 微分方程的解

把函数 $y=f(x)$ 代入微分方程能使方程成立，称这个函数为微分方程的解，微分方程的解中含有相互独立的任意常数，且任意常数的个数与微分方程的阶数相等的解称为微分方程的通解(一般解). 微分方程的不含有任意常数的解称为微分方程的特解.

典型例题

例 验证函数 $y=(x^2+C)\sin x$（C 为任意常数）是方程

$$\frac{dy}{dx}-y\cot x-2x\sin x=0$$

的通解，并求满足初始条件 $y|_{x=\frac{\pi}{2}}=0$ 的特解.

解 将 $y=(x^2+C)\sin x$ 求一阶导数，得

$$\frac{dy}{dx}=2x\sin x+(x^2+C)\cos x$$

把 y 和 $\frac{dy}{dx}$ 代入方程左边，得

$$\frac{dy}{dx}-y\cot x-2x\sin x=2x\sin x+(x^2+C)\cos x-(x^2+C)\sin x\cot x-2x\sin x\equiv 0$$

因方程两边恒等，且 y 中含有一个任意常数，故 $y=(x^2+C)\sin x$ 是题设方程的通解.

将初始条件 $y|_{x=\frac{\pi}{2}}=0$ 代入通解 $y=(x^2+C)\sin x$ 中，得

$$0=\frac{\pi^2}{4}+C,\text{即 }C=-\frac{\pi^2}{4}$$

从而所求特解为

$$y=\left(x^2-\frac{\pi^2}{4}\right)\sin x$$

自我测试

一、选择题

1. 微分方程 $xyy'' + x(y')^3 - y^4 y' = 0$ 的阶数为 ( )
   A. 3   B. 4   C. 5   D. 2

2. 下列方程中为一阶微分方程的是 ( )
   A. $x^2 y + 2y(y')^2 = 0$ B. $y'' + xy' + x^2 = 0$
   C. $y''' + xy'' + y' = y$ D. $(y'')^2 + y' = 0$

3. 微分方程 $y'' - 4y = 0$ 的特解是 ( )
   A. $y = 4\mathrm{e}^x$ B. $y = 3\mathrm{e}^{2x}$
   C. $y = 3\mathrm{e}^{-x}$ D. $y = c_1 \mathrm{e}^{-2x} + c_2 \mathrm{e}^{2x}$

4. 下列方程中解为函数 $y = \cos x$ 的微分方程的是 ( )
   A. $y' + y = 0$ B. $y' + 2y = 0$ C. $y'' + y = 0$ D. $y'' + y = \cos x$

5. 微分方程 $y''' - x^2 y'' - x^5 = 1$ 的通解中应含有相互独立的任意常数的个数是 ( )
   A. 3   B. 5   C. 4   D. 2

二、填空题

1. $xy''' + 2x^2 y'^2 + x^3 y = x^4 + 1$ 是_____阶微分方程.

2. $y'' + y = 0$ 的通解中含有_____个任意常数.

三、解答题

1. 验证 $y = \ln(C + \mathrm{e}^x)$ 是微分方程 $y' = \mathrm{e}^{x-y}$ 的通解，C 为任意常数.

2. 试问 $y = C(\sin x + \cos x)$（C 为任意常数）是不是方程 $y'' + y = 0$ 的解？是不是通解？为什么？

3. 曲线上任一点 (x,y) 处的切线斜率等于该点横坐标的平方,求该曲线的方程.

5.2 一阶微分方程

内容要点

1. 可分离变量的微分方程
2. 一阶齐次微分方程
3. 一阶线性微分方程

典型例题

例1 求微分方程 $\mathrm{d}x + xy\mathrm{d}y = y^2\mathrm{d}x + y\mathrm{d}y$ 的通解.

解 先合并 $\mathrm{d}x$ 及 $\mathrm{d}y$ 的各项,得
$$y(x-1)\mathrm{d}y = (y^2-1)\mathrm{d}x$$

设 $y^2 - 1 \neq 0, x - 1 \neq 0$, 分离变量得
$$\frac{y}{y^2-1}\mathrm{d}y = \frac{1}{x-1}\mathrm{d}x$$

两端积分 $\quad \int\frac{y}{y^2-1}\mathrm{d}y = \int\frac{1}{x-1}\mathrm{d}x$

得 $\quad \frac{1}{2}\ln|y^2-1| = \ln|x-1| + \ln|C_1|$

于是 $\quad y^2 - 1 = \pm C_1^2(x-1)^2$

记 $C = \pm C_1^2$, 则得到题设方程的通解为 $y^2 - 1 = C(x-1)^2$.

例2 求微分方程 $xy' = y(\ln y - \ln x)$ 的通解.

解 原方程化为
$$\frac{\mathrm{d}y}{\mathrm{d}x} = \frac{y}{x}\ln\frac{y}{x}$$

令 $u = \frac{y}{x}$, 则
$$\frac{\mathrm{d}y}{\mathrm{d}x} = u + x\frac{\mathrm{d}u}{\mathrm{d}x}$$

分离变量,得
$$\frac{du}{u(\ln u - 1)} = \frac{1}{x}dx$$

积分,得
$$\ln(\ln u - 1) = \ln x + \ln C \ (C\text{ 是任意常数})$$

即 $\ln u = 1 + Cx$ 或 $u = e^{1+Cx}$.

代入 $u = \dfrac{y}{x}$,得 $y = xe^{1+Cx}$.

例3 求方程 $y' + \dfrac{1}{x}y = \dfrac{\sin x}{x}$ 的通解.

解 $P(x) = \dfrac{1}{x}, Q(x) = \dfrac{\sin x}{x}$,于是所求通解为
$$y = e^{-\int \frac{1}{x}dx}\left(\int \frac{\sin x}{x} \cdot e^{\int \frac{1}{x}dx}dx + C\right) = e^{-\ln x}\left(\int \frac{\sin x}{x}e^{\ln x}dx + C\right) = \frac{1}{x}(-\cos x + C)$$

自我测试

一、选择题

1. 下列方程中为可分离变量的微分方程是 ( )
   A. $\dfrac{dy}{dx} + \dfrac{y}{x} = e$
   B. $\dfrac{dy}{dx} = k(x-a)(b-y)$
   C. $\dfrac{dy}{dx} - \sin y = x$
   D. $y' + xy = y^2 e^x$

2. 微分方程 $(1+x^2)dy + (1+y^2)dx = 0$ 的通解是 ( )
   A. $\arctan x + \arctan y = C$
   B. $\tan x + \tan y = C$
   C. $\ln x + \ln y = C$
   D. $\cot x + \cot y = C$

3. 下列方程中是一阶齐次微分方程的有 ( )
   A. $(1+x)y' + 1 = 2e^{-y}$
   B. $y' = y\cos x$
   C. $xy' + x^2 y = 0$
   D. $y' = \dfrac{y}{x} + \tan \dfrac{y}{x}$

4. 下列方程中是一阶线性微分方程的有 ( )
   A. $x^2 y' + xy^2 = 0$
   B. $x(y')^2 - 2yy' + x = 0$
   C. $xy' + x^2 y = 0$
   D. $xy + 2yy' - x = 0$

5. 微分方程 $\dfrac{dy}{dx} = \dfrac{y}{x} + \tan \dfrac{y}{x}$ 的通解为 ( )
   A. $\sin \dfrac{y}{x} = Cx$
   B. $\sin \dfrac{y}{x} = \dfrac{1}{Cx}$
   C. $\sin \dfrac{y}{x} = Cx$
   D. $\sin \dfrac{y}{x} = \dfrac{1}{Cx}$

二、填空题

1. 微分方程 $y' + y = 0$ 的通解为_____.
2. 微分方程 $x^3 dx - ydy = 0$ 的通解是_____.
3. 一阶线性微分方程 $y' + P(x)y = Q(x)$ 的通解为_____.

三、计算题

1. 求微分方程 $y' - y = 0$ 满足初值条件 $y|_{x=0} = 2$ 的特解.

2. 求微分方程 $\dfrac{dy}{dx} = 3xy + xy^2$ 的通解.

3. 求微分方程 $\dfrac{dy}{dx} = \dfrac{4xy}{x^2 + y^2}$ 的通解.

4. 微分方程 $y' + \dfrac{2}{x}y = -x$ 满足初值条件 $y|_{x=2} = 0$ 的特解.

5.3 二阶微分方程

内容要点

1. 可降阶的二阶微分方程

(1) $y'' = f(x)$ 型

只要连续积分两次,就可得这个方程的含有 n 个任意常数的通解.

(2) $y'' = f(x, y')$ 型

令 $y' = p(x)$,则 $y'' = p'(x)$,原方程化为以 $p(x)$ 为未知函数的一阶微分方程.

2. 二阶常系数齐次线性微分方程及其解法

$$y'' + py' + qy = 0$$

特征方程 $$r^2 + pr + q = 0$$

称特征方程的两个根 r_1, r_2 为特征根.

特征方程 $r^2 + pr + q = 0$ 的根	微分方程 $y'' + py' + qy = 0$ 的通解
有两个不相等的实根 r_1, r_2	$y = C_1 e^{r_1 x} + C_2 e^{r_2 x}$
有两重根 $r_1 = r_2$	$y = (C_1 + C_2 x) e^{r_1 x}$
有一对共轭复根 $\begin{cases} r_1 = \alpha + i\beta \\ r_2 = \alpha - i\beta \end{cases}$	$y = e^{\alpha x}(C_1 \cos \beta x + C_2 \sin \beta x)$

3. 二阶常系数非齐次线性微分方程

典型例题

例 1 求方程 $y'' = e^{2x} - \cos x$ 满足 $y(0) = 0, y'(0) = 1$ 的特解.

解 对所给方程接连积分两次,得

$$y' = \frac{1}{2} e^{2x} - \sin x + C_1 \tag{1}$$

$$y = \frac{1}{4} e^{2x} + \cos x + C_1 x + C_2 \tag{2}$$

在(1)中代入条件 $y'(0) = 1$,得 $C_1 = \frac{1}{2}$,;在(2)中代入条件 $y(0) = 0$,得 $C_2 = -\frac{5}{4}$,从而所求题设方程的特解为

$$y = \frac{1}{4} e^{2x} + \cos x + \frac{1}{2} x - \frac{5}{4}$$

例 2 求方程 $y'' - 2y' - 3y = 0$ 的通解.

解 特征方程为

$$r^2 - 2r - 3 = 0$$

其根 $r_1 = -1, r_2 = 3$ 是两个不相等的实根,因此所求通解为

$$y = C_1 e^{-x} + C_2 e^{3x}$$

例 3 求方程 $y'' + 4y' + 4y = 0$ 的通解.

解 特征方程为

$$r^2+4r+4=0$$

解得 $r_1=r_2=-2$,故所求通解为 $y=(C_1+C_2x)e^{-2x}$.

自我测试

一、选择题

1. 下列方程中是二阶常系数齐次线性微分方程的有 ( )
   A. $x^2y''+2y'+y-x^2=0$ B. $y''+4y'+5y=0$
   C. $xy'+2y''+x^2y=0$ D. $yy''+x^2y'+y^2=0$

2. 满足微分方程 $e^{-x}y''=1$,$y(0)=1$,$y'(0)=1$ 的函数是 ( )
   A. $y=e^x$ B. $y=e^{x+1}$
   C. $y=e^{x-1}$ D. $y=xe^x$

3. $x^3y''-2x^2y'=4$ 的特解是 ( )
   A. $y=\dfrac{1}{1-x}$ B. $y=\dfrac{1}{x^2}$
   C. $y=\dfrac{1}{1+x}$ D. $y=\dfrac{1}{x}$

4. 下列微分方程中,通解是 $y=C_1e^{-x}+C_2e^{3x}$ 的方程是 ( )
   A. $y''-2y'-3y=0$ B. $y''-2y'+5y=0$
   C. $y''+y'-2y=0$ D. $y''+6y'+13y=0$

5. 若方程 $y''+py'+qy=0$ 的系数满足 $1+p+q=0$,则方程的特解为 ( )
   A. $y=x$ B. $y=e^x$
   C. $y=e^{-x}$ D. $y=\sin x$

二、填空题

1. 微分方程 $y''+y=0$ 通解是_____.
2. $y''-3y'+2y=0$ 的通解是_____.
3. 以 $y=c_1xe^x+c_2e^x$ 为通解的二阶常系数齐次线性微分方程为_____.
4. $y''-2y'+y=0$ 的通解是_____.
5. 以 $y=c_1+c_2x$ 为通解的二阶常系数齐次线性微分方程为_____.

三、计算题

1. 求微分方程 $y''=\dfrac{1}{1+x^2}$ 的通解.

2. 求微分方程 $3y'' - 4y' - 7y = 0$ 的通解.

3. 求微分方程 $y'' + 4y' + 4y = 0$ 的通解.

4. 求微分方程 $y'' + 2y' + 5y = 0$ 的通解.

5. 求微分方程 $y'' - 2y' + y = 0$ 的一条积分曲线,使其过点 $(0,2)$ 且在该点有水平切线.

本章测试题

一、选择题

1. 下列哪项不是微分方程 $y' - y = 0$ 的解 ( )
   A. $y = e^x + e^{-x}$
   B. $y = e^x - e^{-x}$
   C. $y = C_1 e^x + C_2 e^{-x}$
   D. $y = C_1 e^{2x} + C_2 e^{-2x}$

2. 微分方程 $e^x(y' + y) = 1$ 的通解为 ( )
   A. $ye^x = C$
   B. $ye^{-x} = x + C$
   C. $y = (x + C)e^{-x}$
   D. $y = Cxe^{-x}$

3. 下列微分方程中,( )不是可分离变量的微分方程.
   A. $y' = 3^{x+y}$
   B. $(x - y^2)dx + 2xy dy = 0$
   C. $(e^{x+y} + e^x)dx + (e^{x+y} - e^y)dy = 0$
   D. $y' + 2xy = 2xy^2$

4. $y'' = e^{2y}$ 在 $y\big|_{x=0} = 0, y'\big|_{x=0} = 1$ 下的特解为 ( )
   A. $e^y = 1 - x$
   B. $e^{2y} = 1 + 2x$
   C. $e^{-y} = 1 - x$
   D. $e^{-y} = 2x + 1$

5. $y_1 = \cos \omega x$,$y_2 = \sin \omega x$ 都是方程 $y'' + \omega^2 y = 0$ 的解,则该方程的通解为 ( )
   A. $y = C\cos \omega x + \sin \omega x$
   B. $y = \cos \omega x + C\sin \omega x$
   C. $y = C_1 \cos \omega x + C_2 \sin \omega x$
   D. $y = 2\cos \omega x + 3\sin \omega x$

二、填空题

1. $x(y')^2 - 2yy' + x = 0$ 的阶数是_____.
2. 设曲线在点 (x,y) 处的切线的斜率等于该点横坐标的平方,曲线的微分方程为_____.
3. 二阶常系数齐次线性微分方程 $y'' + py' + qy = f(x)$ 的特征方程为_____.
4. $y'' + 3y' - 4y = 0$ 的特征根为_____.
5. $y'' + y' + y = 0$ 的特征根为_____.

三、计算题

1. 求下列一阶微分方程的通解
   (1) $(xy^2 - x)dx + (x^2y + y)dy = 0$;
   (2) $ydx + (x^2 - 4x)dy = 0$;

(3) $\dfrac{dy}{dx} = \dfrac{y}{y-x}$; (4) $y' + y\tan x = \cos x$.

2. 求下列二阶微分方程的通解
   (1) $y'' = y' + x$; (2) $y'' - 4y' = 0$.

3. 求二阶微分方程 $y'' + 2y' + y = \cos x$ 满足所给初始条 $y|_{x=0} = 0, y'|_{x=0} = \dfrac{3}{2}$ 的特解.

第6章 定积分

6.1 定积分的概念与性质

内容要点

1. 定积分的概念：

$$\int_a^b f(x)\,dx = I = \lim_{\lambda \to 0} \sum_{i=1}^n f(\xi_i)\Delta x_i$$

其中，$f(x)$称为被积函数，$f(x)dx$称为被积表达式，x称为积分变量，$[a,b]$称为积分区间.

2. 定积分的几何意义
3. 定积分的性质

典型例题

例1 利用定积分的定义计算定积分 $\int_0^1 x^2\,dx$.

解 因函数 $f(x) = x^2$ 在$[0,1]$上连续，故可积. 从而定积分的值与对区间$[0,1]$的分法及 ξ_i 的取法无关. 为便于计算，将$[0,1]$ n 等分，则

$$\lambda = \Delta x_i = \frac{1}{n}$$

于是 $\lambda \to 0 \Leftrightarrow n \to \infty$

取每个小区间的右端点 ξ_i，则 $\xi_i = \frac{i}{n}\ (i=1,2,\cdots,n)$

故 $\int_0^1 x^2\,dx = \lim_{\lambda \to 0}\sum_{i=1}^n f(\xi_i)\Delta x_i =$

$\lim_{\lambda \to 0}\sum_{i=1}^n \xi_i^2 \Delta x_i =$

$\lim_{n\to\infty}\sum_{i=1}^n \left(\frac{i}{n}\right)^2 \cdot \frac{1}{n} = \lim_{n\to\infty}\frac{1}{n^3}\sum_{i=1}^n i^2 =$

$\lim_{n\to\infty}\frac{1}{n^3}(1^2+2^2+3^2+\cdots+n^2) =$

$\lim_{n\to\infty}\frac{1}{n^3}\cdot\frac{n(n+1)(2n+1)}{6} =$

$\lim_{n\to\infty}\frac{1}{6}\left(1+\frac{1}{n}\right)\left(2+\frac{1}{n}\right) = \frac{1}{3}.$

自我测试

一、选择题

1. 在下列不等式中，正确的是 ( )

   A. $\int_0^1 e^x dx \geq \int_0^1 e^{x^2} dx$
   B. $\int_1^2 e^x dx < \int_1^2 e^{x^2} dx$

   C. $\int_0^1 e^{-x} dx < \int_1^2 e^{-x} dx$
   D. $\int_{-2}^{-1} x^2 dx \geq \int_{-2}^{-1} x^3 dx$

2. 设函数 $f(x)$ 在区间 $[a,b]$ 上可积，则下列各结论中不正确的是 ( )

   A. $\int_a^b f(x) dx = \int_a^b f(y) dy$
   B. $\int_a^a f(x) dx = 0$

   C. 若 $f(x) \geq b-a$，则 $\int_a^b f(x) dx \geq (b-a)^2$
   D. $\left[\int_a^b f(x) dx\right]' = f(x)$

3. 函数 $f(x)$ 在闭区间 $[a,b]$ 上连续是该函数在 $[a,b]$ 上可积的 ( )

   A. 既非充分条件，并非必要条件
   B. 必要条件，但不是充分条件

   C. 充分条件，但不是必要条件
   D. 充分必要条件

4. 设 $f(x) = \begin{cases} x, & x \leq 0 \\ x^2, & x > 0 \end{cases}$，则 $\int_{-1}^1 f(x) dx$ 为 ( )

   A. $2\int_{-1}^0 x dx$
   B. $2\int_0^1 x^2 dx$

   C. $\int_{-1}^0 x dx + \int_0^1 x^2 dx$
   D. $\int_{-1}^0 x^2 dx + \int_0^1 x dx$

5. 在 $\left[-\dfrac{\pi}{2}, \dfrac{\pi}{2}\right]$ 上的曲线 $y = \sin x$ 与 x 轴围成图形的面积为 ( )

   A. $\int_{-\frac{\pi}{2}}^{\frac{\pi}{2}} \sin x dx$
   B. $\int_0^{\frac{\pi}{2}} \sin x dx$

   C. 0
   D. $\int_{-\frac{\pi}{2}}^{\frac{\pi}{2}} |\sin x| dx$

二、填空题

1. 定积分的几何意义是_____．

2. 由定积分的几何意义计算 $\int_0^1 x dx = $ _____．

3. 由定积分的几何意义计算 $\int_{-\pi}^{\pi} \sin x dx = $ _____．

4. 函数 $f(x)$ 在 $[a,b]$ 上的定积分是积分和的极限，即 $\int_a^b f(x) dx = $ _____．

5. 设 $f(x)$ 在 $[a,b]$ 上连续，且 $f(x) > 0 (a < b)$，则 $\int_a^b f(x) dx$ 的符号是_____．

三、证明题

利用定积分的几何意义证明等式 $\int_0^1 \sqrt{1-x^2}\,dx = \dfrac{\pi}{4}$.

四、计算题

1. 利用定积分的性质比较下列各对积分值的大小.

   (1) $\int_0^1 x^2\,dx$ 与 $\int_0^1 x^3\,dx$；

   (2) $\int_1^2 \ln x\,dx$ 与 $\int_1^2 (\ln x)^2\,dx$.

2. 估计定积分 $\int_0^1 (1+x^2)\,dx$ 值的范围.

6.2 微积分的基本公式

内容要点

1. 变上限积分：$\Phi(x) = \int_a^x f(t)\,dt$

定理：若函数 $f(x)$ 在区间 $[a,b]$ 上连续，则函数 $\Phi(x) = \int_a^x f(t)\,dt$ 就是 $f(x)$ 在 $[a,b]$ 上的一个原函数.

2. 牛顿 - 莱布尼茨公式

定理：若函数 $F(x)$ 是连续函数 $f(x)$ 在区间 $[a,b]$ 上的一个原函数，则

$$\int_a^b f(x)\mathrm{d}(x) = F(b) - F(a)$$

典型例题

例1 求定积分 $\int_0^1 x^2 \mathrm{d}x$.

解 由牛顿-莱布尼茨公式得

$$\int_0^1 x^2 \mathrm{d}x = \left.\frac{x^3}{3}\right|_0^1 = \frac{1}{3} - \frac{0}{3} = \frac{1}{3}$$

例2 求 $\int_1^2 \frac{1}{x^2} e^{\frac{1}{x}} \mathrm{d}x$.

解 $\int_1^2 \frac{1}{x^2} e^{\frac{1}{x}} \mathrm{d}x = -\int_1^2 e^{\frac{1}{x}} \mathrm{d}\frac{1}{x} = -\left.e^{\frac{1}{x}}\right|_1^2 = -(e^{\frac{1}{2}} - e) = -(\sqrt{e} - e) = e - \sqrt{e}$.

例3 设 $f(x) = \begin{cases} 2x, & 0 \leq x \leq 1 \\ 5, & 1 < x \leq 2 \end{cases}$, 求 $\int_0^2 f(x) \mathrm{d}x$.

解 由定积分性质得

$$\int_0^2 f(x)\mathrm{d}x = \int_0^1 f(x)\mathrm{d}x + \int_1^2 f(x)\mathrm{d}x = \int_0^1 2x\mathrm{d}x + \int_1^2 5\mathrm{d}x = 6$$

自我测试

一、选择题

1. $\int_0^1 (x+1)\mathrm{d}x$ 为 ( )

   A. $\frac{3}{2}$ B. 1   C. $\frac{1}{2}$ D. 2

2. 下列各积分中可直接使用牛顿-莱布尼茨公式的有 ( )

   A. $\int_{-1}^1 \frac{1}{x^2}\mathrm{d}x$ B. $\int_{-1}^1 \frac{x\mathrm{d}x}{\sqrt{1-x^2}}$ C. $\int_{\frac{1}{e}}^e \frac{1}{x\ln x}\mathrm{d}x$ D. $\int_{-\frac{\pi}{2}}^{\frac{\pi}{2}} \csc x \mathrm{d}x$

3. 若 $\int_0^a x(2-3x)\mathrm{d}x = 2$, 则 a 为 ( )

   A. 1   B. -1   C. 2   D. -2

4. $\int_0^3 |x-1| \mathrm{d}x$ 为 ( )

   A. 0   B. 1   C. $\frac{5}{2}$ D. 2

5. 设 $y = \int_0^x (t-1)(t-2)\mathrm{d}t$, 则 $y'(0)$ 为 ( )

   A. 2   B. 1   C. -1   D. -2

二、填空题

1. 已知 $\varphi(x) = \int_0^x \sin t \mathrm{d}t$, 则 $\varphi'(x) = $ _____.

2. 已知 $F'(x) = f(x)$，$\int_a^b f(x)\,dx =$ _____.

3. $\int_0^1 (e^x + x)\,dx =$ _____.

4. 设 $f(x) = \begin{cases} \sqrt{x}, & 0 \leq x \leq 1 \\ e^{-x}, & 1 < x \leq 2 \end{cases}$，则 $\int_0^2 f(x)\,dx =$ _____.

5. $\lim\limits_{x \to 0} \dfrac{\int_0^x \cos t^2\,dt}{x} =$ _____.

三、计算定积分

1. $\int_0^1 (3x^2 - x + 1)\,dx$.

2. $\int_{\frac{\sqrt{3}}{3}}^{\sqrt{3}} \dfrac{1}{1+x^2}\,dx$.

3. $\int_{-1}^0 \dfrac{3x^4 + 3x^2 + 1}{x^2 + 1}\,dx$.

4. $\int_0^{\frac{\pi}{4}} \tan^2 \theta\,d\theta$.

5. $\int_{\frac{\pi}{3}}^{\pi} \sin\left(x + \dfrac{\pi}{3}\right)\,dx$.

6. $\int_0^1 e^{-x}\,dx$.

6.3 定积分的换元法、分部积分法

内容要点

1. 定积分换元积分法

定理：设函数 $f(x)$ 在闭区间 $[a,b]$ 上连续，函数 $x=\varphi(t)$ 满足条件：

(1) $\varphi(\alpha)=a, \varphi(\beta)=b$，且 $a \leq \varphi(t) \leq b$；

(2) $\varphi(t)$ 在 $[\alpha,\beta]$（或 $[\beta,\alpha]$）上具有连续导数，则有

$$\int_a^b f(x)dx = \int_\alpha^\beta f[\varphi(t)]\varphi'(t)dt$$

2. 定积分的分部积分法

$$\int_a^b u dv = [uv]_a^b - \int_a^b v du \text{ 或 } \int_a^b uv'dx = [uv]_a^b - \int_a^b vu'dx$$

典型例题

例1 求定积分 $\int_0^4 \dfrac{x+2}{\sqrt{2x+1}}dx$.

解 令 $t=\sqrt{2x+1}$，则 $x=\dfrac{t^2-1}{2}, dx=tdt$，当 $x=0$ 时，$t=1$，当 $x=4$ 时，$t=3$，从而

$$\int_0^4 \dfrac{x+2}{\sqrt{2x+1}}dx = \int_1^3 \dfrac{\dfrac{t^2-1}{2}+2}{t}tdt = \dfrac{1}{2}\int_1^3(t^2+3)dt = \dfrac{1}{2}\left(\dfrac{1}{3}t^3+3t\right)\Big|_1^3 =$$

$$\dfrac{1}{2}\left[\left(\dfrac{27}{3}+9\right)-\left(\dfrac{1}{3}+3\right)\right] = \dfrac{22}{3}.$$

例2 求定积分 $\int_1^3 \ln x dx$.

解 $\int_1^3 \ln x dx = x\ln x\Big|_1^3 - \int_1^3 x d(\ln x) = (3\ln 3 - 0) - \int_1^3 x\dfrac{1}{x}dx =$

$3\ln 3 - \int_1^3 dx = 3\ln 3 - x\Big|_1^3 = 3\ln 3 - (3-1) = 3\ln 3 - 2.$

例3 求定积分 $\int_0^1 xe^{-x}dx$.

解 $\int_0^1 xe^{-x}dx = -\int_0^1 xd(e^{-x}) = -\left(xe^{-x}\Big|_0^1 - \int_0^1 e^{-x}dx\right) = -\left[(e^{-1}-0) + \int_0^1 e^{-x}d(-x)\right] =$

$-(e^{-1} + e^{-x}\Big|_0^1) = -[e^{-1} + (e^{-1}-1)] = 1 - 2e^{-1}.$

自我测试

一、选择题

1. 定积分 $\int_0^{19} \dfrac{1}{\sqrt[3]{x+8}}dx$，作适当变换后，应等于　　　　　　　　　　　　　　( )

A. $\int_0^2 3x\,dx$ B. $\int_0^3 3x\,dx$ C. $\int_2^3 3x\,dx$ D. $\int_{-2}^{-3} 3x\,dx$

2. 确定定积分 $\int_{-1}^1 \sqrt{x^2}\,dx$ 的值 (　　)

   A. 0
   B. 1
   C. $\dfrac{1}{2}$
   D. 2

3. 下列积分值为零的是 (　　)

   A. $\int_{-2}^1 x\,dx$
   B. $\int_{-1}^1 x\sin x\,dx$
   C. $\int_{-1}^1 x\sin^2 x\,dx$
   D. $\int_{-1}^1 x^2\cos x\,dx$

4. $F(x)=\int_0^x e^{-t}\cos t\,dt$，则 $F(x)$ 在 $[0,\pi]$ 上有 (　　)

   A. $F(\dfrac{\pi}{2})$ 为极大值

   B. $F(\dfrac{\pi}{2})$ 为极小值

   C. $F(\dfrac{\pi}{2})$ 不是极值

   D. $F(x)$ 不存在极值

二、填空题

1. 设函数 $f(x)$ 连续，则极限 $\lim\limits_{x\to a}\dfrac{1}{x-a}\int_a^x f(t)\,dt=$ _____．

2. 定积分 $\int_0^2 \sqrt{4-x^2}\,dx=$ _____．

3. 定积分 $\int_0^{2\pi} |\sin x|\,dx=$ _____．

4. 定积分 $\int_0^{\pi} \sqrt{1+\cos 2x}\,dx=$ _____．

三、计算定积分

1. $\int_1^4 \dfrac{1}{1+\sqrt{x}}\,dx$．

2. $\int_0^8 \dfrac{dx}{1+\sqrt[3]{x}}$．

3. $\int_1^{16} \dfrac{dx}{\sqrt{x} + \sqrt[4]{x}}$.

4. $\int_0^{\sqrt{2}} \sqrt{2 - x^2}\, dx$.

5. $\int_0^1 x e^x\, dx$.

6. $\int_1^e x \ln x\, dx$.

7. $\int_0^1 x \arctan x\, dx$.

8. $\int_0^1 e^{\sqrt{x}}\, dx$.

四、证明题

设函数 $f(x)$ 在 $[-a, a]$ 上连续,证明:

(1) 若 $f(x)$ 是偶函数,则 $\int_{-a}^{a} f(x) \, dx = 2 \int_{0}^{a} f(x) \, dx$;

(2) 若 $f(x)$ 是奇函数,则 $\int_{-a}^{a} f(x) = 0$.

6.4 反常积分

内容要点

1. 无穷限的广义积分

$$\int_{a}^{+\infty} f(x) \, dx = F(x) \Big|_{a}^{+\infty} = F(+\infty) - F(a)$$

$$\int_{-\infty}^{b} f(x) \, dx = F(x) \Big|_{-\infty}^{b} = F(b) - F(-\infty)$$

$$\int_{-\infty}^{+\infty} f(x) \, dx = F(x) \Big|_{-\infty}^{+\infty} = F(+\infty) - F(-\infty)$$

2. 无界函数的广义积分

$$\int_{a}^{b} f(x) \, dx = \lim_{\varepsilon \to +0} \int_{a+\varepsilon}^{b} f(x) \, dx$$

$$\int_{a}^{b} f(x) \, dx = \lim_{\varepsilon \to +0} \int_{a}^{b-\varepsilon} f(x) \, dx$$

典型例题

例1 计算广义积分 $\int_{0}^{+\infty} e^{-x} \, dx$.

解 对任意的 $b > 0$,有

$$\int_{0}^{b} e^{-x} \, dx = -e^{-x} \Big|_{0}^{b} = -e^{-b} - (-1) = 1 - e^{-b}$$

于是

$$\lim_{b \to +\infty} \int_{0}^{b} e^{-x} \, dx = \lim_{b \to +\infty} (1 - e^{-b}) = 1 - 0 = 1$$

因此 $$\int_0^{+\infty} e^{-x}dx = \lim_{b\to+\infty}\int_0^b e^{-x}dx = 1$$

或 $$\int_0^{+\infty} e^{-x}dx = -e^{-x}\Big|_0^{+\infty} = 0-(-1) = 1$$

例2 计算广义积分 $\int_1^2 \dfrac{dx}{x\ln x}$.

解 $\int_1^2 \dfrac{dx}{x\ln x} = \lim_{\varepsilon\to 0^+}\int_{1+\varepsilon}^2 \dfrac{dx}{x\ln x} = \lim_{\varepsilon\to 0^+}\int_{1+\varepsilon}^2 \dfrac{d(\ln x)}{\ln x} = \lim_{\varepsilon\to 0^+}[\ln(\ln x)]_{1+\varepsilon}^2 =$
$\lim_{\varepsilon\to 0^+}[\ln\ln 2 - \ln(\ln(1+\varepsilon))] = \infty$

故题设广义积分发散.

自我测试

一、选择题

1. $\int_0^{+\infty} ae^{-\sqrt{x}}dx = 1$，则 a 为 （　　）

   A. 1　　　　　B. 2　　　　　C. $\dfrac{1}{2}$　　　　　D. $-\dfrac{1}{2}$

2. $\int_1^{+\infty} xe^{-x^2}dx$ 为 （　　）

   A. $\dfrac{1}{2e}$　　　　　B. $-\dfrac{1}{2e}$　　　　　C. e　　　　　D. $+\infty$

3. 广义积分 $\int_0^1 \dfrac{1}{x^p}dx$ 的敛散性为 （　　）

   A. 收敛　　　　　　　　　　B. 发散
   C. 与 p 值有关　　　　　　　D. 无法判断

4. 下列广义积分收敛的是 （　　）

   A. $\int_1^{+\infty} \dfrac{dx}{x^{\frac{4}{5}}}$　　　　　　　B. $\int_1^{+\infty} \dfrac{dx}{\sqrt{x+1}}$

   C. $\int_1^{+\infty} \dfrac{dx}{x^3}$　　　　　　　D. $\int_{-1}^1 \dfrac{1}{x^2}dx$

二、计算广义积分

1. $\int_1^{+\infty} \dfrac{1}{x^4}dx$.

2. $\int_1^{+\infty} \dfrac{1}{x(1+x^2)}dx$.

3. $\int_0^1 \dfrac{dx}{\sqrt{1-x}}$.

4. $\int_0^1 \dfrac{x}{\sqrt{1-x^2}}dx$.

本章测试题

一、选择题

1. 设 $I_1 = \int_0^1 x^4 dx, I_2 = \int_0^1 \sin^4 x dx, I_3 = \int_0^1 \tan^4 x dx$，则有 ( )

   A. $I_1 < I_2 < I_3$ B. $I_2 < I_1 < I_3$ C. $I_2 < I_3 < I_1$ D. $I_1 < I_3 < I_2$

2. 设 $f(x)$ 在 $[0, +\infty)$ 上连续，且 $\int_1^{x^3+1} f(t) dt = x^3(x+1)$，则 $f(2)$ 为 ( )

   A. $\dfrac{7}{3}$ B. 7   C. 2   D. 3

3. $\int_a^x f'(2t) dt$ 为 ( )

   A. $2[f(x) - f(a)]$ B. $f(2x) - f(2a)$
   C. $2[f(2x) - f(2a)]$ D. $\dfrac{1}{2}[f(2x) - f(2a)]$

4. $\dfrac{d}{dx} \int_a^x \dfrac{\sin t}{t} dt =$ ( )

   A. $\dfrac{\sin x}{x}$ B. $\dfrac{\cos x}{x}$ C. $\dfrac{\sin b}{b}$ D. $\dfrac{\sin t}{t}$

5. 反常积分 $\int_2^{+\infty} \dfrac{1}{x^2} dx$ 为 ( )

   A. 0   B. $+\infty$ C. $-\dfrac{1}{2}$ D. $\dfrac{1}{2}$

二、填空题

1. 如果在区间 $[a,b]$ 上，$f(x) \leq g(x)$，则 $\int_a^b f(x) dx$ _____ $\int_a^b g(x) dx$.

2. 设 M, m 分别是函数 $f(x)$ 在 $[a,b]$ 上的最大值和最小值，则 _____ $\leq \int_a^b f(x) dx \leq$ _____.

3. 如果函数 $f(x)$ 在闭区间 $[a,b]$ 上连续，则在区间 $[a,b]$ 上至少存在一点 ξ，使 $\int_a^b f(x)\mathrm{d}x =$ _____ .

4. 设 $y = \int_0^x \sin t \mathrm{d}t$，则 $y'(0) =$ _____ .

5. 广义积分 $\int_a^{+\infty} \dfrac{1}{x^p}\mathrm{d}x (a>0)$ 当 p _____ 时收敛.

三、计算题

1. $\int_0^2 f(x)\mathrm{d}x$，其中 $f(x) = \begin{cases} x+1, & x \leq 1 \\ \dfrac{1}{2}x^2, & x > 1 \end{cases}$.

2. 求函数 $y = \int_0^{x^2} \sqrt{1+t^2}\mathrm{d}t$ 的导数.

3. 计算定积分

(1) $\int_0^4 \dfrac{1}{1+\sqrt{t}}\mathrm{d}t$；

(2) $\int_0^1 x e^{-x}\mathrm{d}x$.

第7章 定积分的应用

内容要点

1. 定积分的微元法
2. 定积分在几何方面的应用
3. 平面曲线的弧长
4. 定积分在物理方面的应用

典型例题

例1 求由 $y^2 = x$ 和 $y = x^2$ 所围成的图形的面积.

解 面积微元：$dA = (\sqrt{x} - x^2)dx$

所求面积：$A = \int_0^1 (\sqrt{x} - x^2)dx = \left[\frac{2}{3}x^{\frac{3}{2}} - \frac{x^3}{3}\right]\Big|_0^1 = \frac{1}{3}$.

例2 求曲线 $xy = 4, y \geq 1, x > 0$ 所围成的图形绕 y 轴旋转构成的旋转体的体积.

解 体积微元：$dV = \pi x^2 dy = \pi \frac{16}{y^2} dy$

所求体积：$V = \lim_{b \to +\infty} \pi \int_1^b \frac{16}{y^2} dy = \pi \int_1^{+\infty} \frac{16}{y^2} dy = \pi \left[-\frac{16}{y}\right]\Big|_1^{+\infty} = 16\pi$

例3 设 40 N 的力使弹簧从自然长度 10 cm 拉长成 15 cm, 问需要做多大的功才能克服弹性恢复力, 将伸长的弹簧从 15 cm 处再拉长 3 cm?

解 根据胡克定律, 有 $F(x) = kx$.

当弹簧从 10 cm 拉长到 15 cm 时, 它伸长量为 5 cm = 0.05 m.

因有 $F(0.05) = 40$, 即 $0.05k = 40$, 故得 $k = 800$. 于是可写出 $F(x) = 800x$.

这样, 弹簧从 15 cm 拉长到 18 cm, 所做的功为

$$W = \int_{0.05}^{0.08} 800x\,dx = 400x^2 \Big|_{0.05}^{0.08} = [400 \times (0.064 - 0.025)]\,\text{J} = 1.56\,\text{J}.$$

自我测试

一、选择题

1. 曲线 $y = \ln x, y = \ln a, y = \ln b (0 < a < b)$ 及 y 轴所围成的图形的面积为 S, 则 S 为（　　）

A. $\int_{\ln a}^{\ln b} \ln x\,dx$ B. $\int_{ea}^{eb} e^x\,dx$ C. $\int_{\ln a}^{\ln b} e^y\,dy$ D. $\int_{ea}^{eb} \ln x\,dx$

2. 曲线 $y=\sqrt{x}$ 与直线 $x=1, x=4$ 所围成的平面图形的面积为 （　　）

　A. $\dfrac{10}{3}$ 　　　　　　　　　　B. $\dfrac{16}{3}$

　C. $\dfrac{5}{3}$ 　　　　　　　　　　D. $\dfrac{4}{3}$

3. 椭圆域 $\dfrac{x^2}{a^2}+\dfrac{y^2}{b^2}\leqslant 1$ 绕 x 轴旋转一周所得的立体的体积为 （　　）

　A. $\dfrac{4}{3}\pi a^2 b$ 　　　　　　　　B. $\dfrac{4}{3}\pi a b^2$

　C. $\dfrac{2}{3}\pi a^2 b$ 　　　　　　　　D. $\dfrac{2}{3}\pi a b^2$

4. 由曲线 $y=f(x), y=g(x)\,[f(x)\leqslant g(x), a\leqslant x\leqslant b]$ 及直线 $x=a, x=b$ 所围成的图形绕 x 轴旋转所得的立体的体积是 （　　）

　A. $\int_a^b \pi[g^2(x)-f^2(x)]\,\mathrm{d}x$ 　　　B. $\int_a^b \pi[g(x)-f(x)]^2\,\mathrm{d}x$

　C. $\int_a^b \pi g^2(x)\,\mathrm{d}x$ 　　　　　D. $\int_a^b [g(x)-f(x)]\,\mathrm{d}x$

5. 曲线 $y=\ln(1-x^2)$ 在 $0\leqslant x\leqslant \dfrac{1}{2}$ 上的一段弧长为 （　　）

　A. $\int_0^{\frac{1}{2}} \sqrt{1+\left(\dfrac{1}{1-x^2}\right)^2}\,\mathrm{d}x$ 　　B. $\int_0^{\frac{1}{2}} \dfrac{1+x^2}{1-x^2}\,\mathrm{d}x$

　C. $\int_0^{\frac{1}{2}} \sqrt{1+\dfrac{-2x}{1-2x^2}}\,\mathrm{d}x$ 　　D. $\int_0^{\frac{1}{2}} \sqrt{1+[\ln(1-x^2)]^2}\,\mathrm{d}x$

二、填空题

1. 由曲线 $y=x^2$, x 轴及直线 $x=1$ 所围成的平面图形的面积微元 $\mathrm{d}A=$ _____.

2. 由连续曲线 $y=f(x)$（其中 $f(x)\geqslant 0$）和直线 $x=a, x=b$ 及 $y=0$ 所围成的曲边梯形的面积 $A=$ _____.

3. 由连续曲线 $y=f(x)(\geqslant 0)$ 与直线 $x=a, x=b$ 及 x 轴所围成的曲边梯形绕 x 轴旋转所得的立体的体积为 _____.

4. 在变力 $F(x)$ 的作用下物体直线运动的距离为由 a 到 b，则所做的功 $W=$ _____.

三、解答题

1. 求由直线 $y=2x, y=\dfrac{x}{2}, x+y=2$ 所围成的平面图形的面积.

2. 求由抛物线 $y=x^2$ 与直线 $y=2x$ 所围成的平面图形的面积.

3. 求曲线 $y=\sqrt{x}$ 与直线 $x=1,x=4,y=0$ 所围成的图形绕 x 轴旋转所构成的旋转体的体积.

4. 求曲线 $y=\ln x$ 上相应于 $\sqrt{3}\leq x\leq\sqrt{8}$ 的一段弧的弧长.

本章测试题

一、选择题

1. 由曲线 $y=1-x^2$, x 轴及直线 $x=0,x=2$ 所围成的图形的面积为 S, 则 S 为 （　　）

　　A. 1　　　　　　　B. 2　　　　　　　C. $\dfrac{3}{2}$　　　　　　D. 3

2. 由曲线 $y=x(x-1)(2-x)$ 与 x 轴所围成的图形的面积可表示为 （　　）

　　A. $-\int_0^2 x(x-1)(2-x)\,\mathrm{d}x$

B. $\int_0^1 x(x-1)(2-x)\mathrm{d}x - \int_1^2 x(x-1)(2-1)\mathrm{d}x$

C. $-\int_0^1 x(x-1)(2-x)\mathrm{d}x + \int_1^2 x(x-1)(2-1)\mathrm{d}x$

D. $\int_0^2 x(x-1)(2-x)\mathrm{d}x$

3. 曲线 $y = \sin^{\frac{3}{2}} x (0 \leqslant x \leqslant \pi)$ 与 x 轴围成的图形绕 x 轴旋转一周所构成的旋转体的体积为 （　　）

A. $\dfrac{4}{3}$ 　　　　B. $\dfrac{4}{3}\pi$ 　　　　C. $\dfrac{2}{3}\pi^2$ 　　　　D. $\dfrac{2}{3}\pi$

4. 摆线 $\begin{cases} x = a(\theta - \sin\theta) \\ y = a(1 - \cos\theta) \end{cases}$ 的一拱 $(0 \leqslant \theta \leqslant 2\pi)$ 的长度为 （　　）

A. $4a$ 　　　　B. $8a$ 　　　　C. $2a$ 　　　　D. $16a$

5. 曲线 $y = \dfrac{1}{3}x^{\frac{3}{2}}$ 在 $0 \leqslant x \leqslant 12$ 上的一段弧长为 （　　）

A. $\dfrac{56}{3}$ 　　　　B. $\dfrac{112}{3}$ 　　　　C. $\dfrac{121}{3}$ 　　　　D. 16

二、填空题

1. 由曲线 $y = x^2, y^2 = x$ 所围成的图形的面积 $A = $ _____.

2. 由连续曲线 $y = f(x)$（其中 $f(x) \geqslant 0$），直线 $x = a, x = b$ 及 $y = 0$ 所围成的曲边梯形绕 x 轴旋转一周而构成的旋转体的体积 $V = $ _____.

3. 如果平面区域是由区间 $[a, b]$ 上的两条连续曲线 $y = f(x)$ 与 $y = g(x)$ 及两直线 $x = a$ 与 $x = b$ 围成, 则它的面积 $A = $ _____.

4. 设曲线弧的参数方程为 $\begin{cases} x = \varphi(t) \\ y = \psi(t) \end{cases}$, 其中 $\alpha \leqslant t \leqslant \beta$, 则曲线弧长为 _____.

5. 设一物体在力 $f = f(x)$ 的作用下沿 x 轴从点 a 移动到 b, 假设 f 的方向与物体位移的方向一致, 则力 f 所做的功 $W = $ _____.

三、解答题

1. 求由曲线 $y = \dfrac{1}{x}$ 与直线 $y = x$ 及 $x = 2$ 所围成的平面图形的面积.

2. 求由抛物线 $y = -x^2 + 4x - 3$ 及其在点 $(0, -3)$ 和 $(3, 0)$ 处的切线所围成的图形的面积.

3. 求由 $y = x^2, x = 2, x = 0$ 所围成的图形分别绕 x 轴及 y 轴旋转所构成的旋转体的体积.

4. 求 $y = \dfrac{2}{3} x^{\frac{3}{2}}$ 上自变量 x 从 a 到 b 的一段弧的长度.

第8章 空间解析几何

8.1 向量代数、空间直角坐标系及向量的坐标表示

内容要点

1. 向量的概念及代数运算
2. 定理:设向量 $a \neq 0$,那么向量 b 平行于 a 的充分必要条件是:存在唯一的实数 λ,使 $b = \lambda a$.
3. 空间两点间的距离
4. 向量的坐标表示
5. 向量的模、方向角、投影

典型例题

例1 化简 $a - b + 5\left(-\dfrac{1}{2}b + \dfrac{b - 3a}{5}\right)$.

解 $a - b + 5\left(-\dfrac{1}{2}b + \dfrac{b - 3a}{5}\right) = (1 - 3)a + \left(-1 - \dfrac{5}{2} + \dfrac{1}{5} \cdot 5\right)b = -2a - \dfrac{5}{2}b.$

例2 设 P 在 x 轴上,它到 $P_1(0, \sqrt{2}, 3)$ 的距离为到点 $P_2(0, 1, -1)$ 的距离的两倍,求点 P 的坐标.

解 因为 P 在 x 轴上,设 P 点坐标为 $(x, 0, 0)$,则

$|\overrightarrow{PP_1}| = \sqrt{x^2 + (\sqrt{2})^2 + 3^2} = \sqrt{x^2 + 11}$,$|\overrightarrow{PP_2}| = \sqrt{x^2 + (-1)^2 + 1^2} = \sqrt{x^2 + 2}$,

因为 $|\overrightarrow{PP_1}| = 2|\overrightarrow{PP_2}|$,所以 $\sqrt{x^2 + 11} = 2\sqrt{x^2 + 2} \Rightarrow x = \pm 1$,故所求点为 $(1, 0, 0)$,$(-1, 0, 0)$.

例3 已知两点 $A(4, 0, 5)$ 和 $B(7, 1, 3)$,求与向量 $\overrightarrow{AB}$ 平行的向量的单位向量 c.

解 所求向量有两个,一个与 $\overrightarrow{AB}$ 同向,一个与 $\overrightarrow{AB}$ 反向.

因为 $\overrightarrow{AB} = \{7 - 4, 1 - 0, 3 - 5\} = \{3, 1, -2\}$,所以 $|\overrightarrow{AB}| = \sqrt{3^2 + 1^2 + (-2)^2} = \sqrt{14}$,

故所求向量为 $c = \pm \dfrac{\overrightarrow{AB}}{|\overrightarrow{AB}|} = \pm \dfrac{1}{\sqrt{14}}\{3, 1, -2\}$.

例4 已知两点 $M_1(2, 2, \sqrt{2})$ 和 $M_2(1, 3, 0)$,计算向量 $\overrightarrow{M_1M_2}$ 的模、方向余弦和方向角.

解 $\overrightarrow{M_1M_2} = \{1 - 2, 3 - 2, 0 - \sqrt{2}\} = \{-1, 1, -\sqrt{2}\}$;

$|\overrightarrow{M_1M_2}| = \sqrt{(-1)^2 + 1^2 + (-\sqrt{2})^2} = \sqrt{1+1+2} = \sqrt{4} = 2;$

$\cos\alpha = -\dfrac{1}{2}, \cos\beta = \dfrac{1}{2}, \cos\gamma = -\dfrac{\sqrt{2}}{2}; \alpha = \dfrac{2\pi}{3}, \beta = \dfrac{\pi}{3}, \gamma = \dfrac{3\pi}{4}.$

自我测试

一、选择题

1. 设 $u = a - b + 2c, v = -a + 3b - c$，则 $2u - 3v$ 为 ( )

   A. $5a - 11b + 7c$ B. $5a + 11b + 7c$

   C. $5a - 11b - 7c$ D. $3a - 11b + 7c$

2. 已知点 $A(3,1,-2)$ 和向量 $\overrightarrow{AB} = \{4, -3, 1\}$，则 B 点的坐标为 ( )

   A. $(7, -2, -1)$ B. $(7, 2, -1)$ C. $(7, -2, 1)$ D. $(7, 2, 1)$

3. 点 $P(-1, 2, 3)$ 关于 xOy 面的对称点为 ( )

   A. $(-1, -2, 3)$ B. $(-1, 2, -3)$ C. $(1, -2, -3)$ D. $(1, 2, 3)$

4. 设向量 $a = i + 2j - k, b = -2i + 4j - 2k$，则 ( )

   A. $a \perp b$ B. $a = b$ C. $a // b$ D. a 与 b 不平行

5. 下列四组角中，可作为一个向量的方向角的是 ( )

   A. $\dfrac{\pi}{6}, \dfrac{\pi}{3}, \dfrac{\pi}{3}$ B. $\dfrac{\pi}{6}, \dfrac{\pi}{4}, \dfrac{\pi}{3}$

   C. $0, \dfrac{5\pi}{6}, \dfrac{\pi}{6}$ D. $\dfrac{\pi}{4}, \dfrac{\pi}{3}, \dfrac{\pi}{3}$

二、填空题

1. 已知向量 $a = \{2, 3, -4\}, b = \{5, -1, -1\}$，则 $c = 2a - 3b =$ _____.

2. 设向量 a 的方向角为 α, β, γ，则 $\sin^2\alpha + \sin^2\beta + \sin^2\gamma =$ _____.

3. 已知点 $A(2, -1, 2), B(2, y, 5), |\overrightarrow{AB}| = 5$，则 $y =$ _____.

4. 点 $A(3, 1, -2)$ 到 x 轴的距离为 _____.

5. 已知 $a = -2i + 3j + \beta k, b = \alpha i - 6j + 2k$，且 a, b 平行，则 $\alpha =$ _____，$\beta =$ _____.

三、计算题

1. 在 xOy 面上求一点使得该点与 $A(-2, 7, 1), B(8, 2, -6), C(6, -5, 7)$ 的距离相等.

2. 求平行于向量 $a = \{6, -7, 6\}$ 的单位向量.

3. 已知两点 $M_1(4, \sqrt{2}, 1)$ 和 $M_2(3, 0, 2)$，计算向量 $\overrightarrow{M_1M_2}$ 的模、方向余弦和方向角.

4. 设 $a = i + j, b = -2j + k$，求以向量 a, b 为边的平行四边形的对角线的长度.

8.2 向量的数量积与向量积

内容要点

1. 向量的数量积
2. 向量的向量积

典型例题

例1 已知 $a = \{1, 1, -4\}, b = \{1, -2, 2\}$，求

(1) $a \cdot b$；

(2) a 与 b 的夹角 θ；

(3) a 与 b 上的投影.

解 (1) $a \cdot b = 1 \cdot 1 + 1 \cdot (-2) + (-4) \cdot 2 = -9.$

(2) $\cos\theta = \dfrac{a_x b_x + a_y b_y + a_z b_z}{\sqrt{a_x^2 + a_y^2 + a_z^2}\sqrt{b_x^2 + b_y^2 + b_z^2}} = -\dfrac{1}{\sqrt{2}}$,所以 $\theta = \dfrac{3\pi}{4}$.

(3) $\boldsymbol{a} \cdot \boldsymbol{b} = |\boldsymbol{b}|\operatorname{Prj}_{\boldsymbol{b}}\boldsymbol{a}$,$\therefore \operatorname{Prj}_{\boldsymbol{b}}\boldsymbol{a} = \dfrac{\boldsymbol{a} \cdot \boldsymbol{b}}{|\boldsymbol{b}|} = -3$.

例2 求与 $\boldsymbol{a} = 3\boldsymbol{i} - 2\boldsymbol{j} + 4\boldsymbol{k}, \boldsymbol{b} = \boldsymbol{i} + \boldsymbol{j} - 2\boldsymbol{k}$ 都垂直的单位向量.

解 $\boldsymbol{c} = \boldsymbol{a} + \boldsymbol{b} = \begin{vmatrix} \boldsymbol{i} & \boldsymbol{j} & \boldsymbol{k} \\ a_x & a_y & a_z \\ b_x & b_y & b_z \end{vmatrix} = \begin{vmatrix} \boldsymbol{i} & \boldsymbol{j} & \boldsymbol{k} \\ 3 & -2 & 4 \\ 1 & 1 & -2 \end{vmatrix} = 10\boldsymbol{j} + 5\boldsymbol{k}$,

因为 $|\boldsymbol{c}| = \sqrt{10^2 + 5^2} = 5\sqrt{5}$,所以 $\boldsymbol{c}^\circ = \pm\dfrac{\boldsymbol{c}}{|\boldsymbol{c}|} = \pm\left(\dfrac{2}{\sqrt{5}}\boldsymbol{j} + \dfrac{1}{\sqrt{5}}\boldsymbol{k}\right)$.

自我测试

一、选择题

1. 下列四个命题中,正确的是 ( )
   A. 若 $\boldsymbol{a} \cdot \boldsymbol{b} = 0$,则 $\boldsymbol{a} = 0$ 或 $\boldsymbol{b} = 0$
   B. 若 $\boldsymbol{a} \times \boldsymbol{b} = 0$,则 $\boldsymbol{a} = 0$ 或 $\boldsymbol{b} = 0$
   C. 若 $\boldsymbol{a} \times \boldsymbol{b} = \boldsymbol{b} \times \boldsymbol{c}$ $(\boldsymbol{b} \neq 0)$,则 $\boldsymbol{a} = \boldsymbol{c}$
   D. 若 $\boldsymbol{a} \times \boldsymbol{c} = \boldsymbol{b} \times \boldsymbol{c}$ $(\boldsymbol{c} \neq 0)$,则 $(\boldsymbol{a} - \boldsymbol{b}) // \boldsymbol{c}$

2. 设向量 $\boldsymbol{a} = (-1, 1, 2), \boldsymbol{b} = (3, 0, 4)$,则 $\operatorname{Prj}_{\boldsymbol{a}}\boldsymbol{b}$ 为 ( )
   A. $\dfrac{5}{\sqrt{6}}$ B. $-\dfrac{5}{\sqrt{6}}$
   C. 1   D. -1

3. 设 $\boldsymbol{a} = 3\boldsymbol{i} - 3\boldsymbol{j} - 3\boldsymbol{k}, \boldsymbol{b} = \boldsymbol{i} + 2\boldsymbol{j} - \boldsymbol{k}$,则 $\boldsymbol{a}, \boldsymbol{b}$ 的位置关系为 ( )
   A. 反向   B. 同向
   C. 平行   D. 垂直

4. 设 $\boldsymbol{i}, \boldsymbol{j}, \boldsymbol{k}$ 是基本单位向量,下列等式中正确的是 ( )
   A. $\boldsymbol{i} \times \boldsymbol{k} = \boldsymbol{j}$ B. $\boldsymbol{i} \cdot \boldsymbol{j} = \boldsymbol{k}$
   C. $\boldsymbol{i} \times \boldsymbol{i} = \boldsymbol{j} \times \boldsymbol{j}$ D. $\boldsymbol{i} \times \boldsymbol{i} = \boldsymbol{i} \cdot \boldsymbol{i}$

5. 设 $\boldsymbol{a} = 3\boldsymbol{i} - \boldsymbol{j} - 2\boldsymbol{k}, \boldsymbol{b} = \boldsymbol{i} + 2\boldsymbol{j} - \boldsymbol{k}$,则 $\boldsymbol{a} \cdot \boldsymbol{b}$ 与 $\boldsymbol{a} \times \boldsymbol{b}$ 分别为 ( )
   A. $-3, 5\boldsymbol{i} - \boldsymbol{j} + 7\boldsymbol{k}$ B. $3, 5\boldsymbol{i} - \boldsymbol{j} + 7\boldsymbol{k}$
   C. $-3, 5\boldsymbol{i} + \boldsymbol{j} + 7\boldsymbol{k}$ D. $3, 5\boldsymbol{i} + \boldsymbol{j} + 7\boldsymbol{k}$

二、填空题

1. 已知向量 $\boldsymbol{a} = (3, 2, -1), \boldsymbol{b} = (1, -1, 2)$,则 $\boldsymbol{a} \times \boldsymbol{b} = $ _____.
2. 设向量 $\boldsymbol{a} = \boldsymbol{i} + 2\boldsymbol{j} + \lambda\boldsymbol{k}, \boldsymbol{b} = 2\boldsymbol{i} + 4\boldsymbol{j} - 3\boldsymbol{k}$,且 $\boldsymbol{a} \cdot \boldsymbol{b} = 0$,则 $\lambda = $ _____.
3. 已知向量 $|\boldsymbol{a}| = 3, |\boldsymbol{b}| = 26, \boldsymbol{a} \cdot \boldsymbol{b} = 30$,求 $\boldsymbol{a} \times \boldsymbol{b} = $ _____.
4. 设向量 $\boldsymbol{b}$ 与向量 $\boldsymbol{a} = (2, 1, -1)$ 平行,且 $\boldsymbol{a}\boldsymbol{b} = 12$,则向量 $\boldsymbol{b} = $ _____.
5. 已知 $|\boldsymbol{b}| = 2, \operatorname{Prj}_{\boldsymbol{a}}\boldsymbol{b} = -1$,则 $\boldsymbol{a}$ 与 $\boldsymbol{b}$ 的夹角 $\theta = $ _____.

三、计算题

1. 已知向量 $a = (1, 1, -1), b = (2, 0, -1)$ 求 $(a \times b) \cdot (a + b)$.

2. 设向量 $a = (2, 1, -1), b = (1, 2, 0)$,求与 a, b 同时垂直的单位向量 e.

3. 设向量 $a = (-1, 2, -1), b = (-2, 1, 4)$,求 a 与 b 的夹角 θ.

4. 已知 $A = (-1, 0, 1), B = (1, -1, 1), C(0, 1, -1)$,求以 A、B、C 为顶点的三角形面积 $S_{\triangle ABC}$.

8.3 平面及其方程

内容要点

1. 平面的点法式方程：$A(x-x_0)+B(y-y_0)+C(z-z_0)=0$.

2. 平面的一般方程：$Ax+By+Cz+D=0$.

3. 平面的截距式方程：$\dfrac{x}{a}+\dfrac{y}{b}+\dfrac{z}{c}=1$.

4. 两平面的夹角：设有两平面 Π_1 和 Π_2：

$$\Pi_1:A_1x+B_1y+C_1z+D_1=0$$
$$\Pi_2:A_2x+B_2y+C_2z+D_2=0$$

则两平面的夹角 $\cos\theta=\dfrac{|A_1A_2+B_1B_2+C_1C_2|}{\sqrt{A_1^2+B_1^2+C_1^2}\cdot\sqrt{A_2^2+B_2^2+C_2^2}}$

从两向量垂直和平行的充要条件，即可推出：

(1) $\Pi_1 \perp \Pi_2$ 的充要条件是 $A_1A_2+B_1B_2+C_1C_2=0$；

(2) $\Pi_1 /\!/ \Pi_2$ 的充要条件是 $\dfrac{A_1}{A_2}=\dfrac{B_1}{B_2}=\dfrac{C_1}{C_2}$；

(3) Π_1 与 Π_2 重合的充要条件是 $\dfrac{A_1}{A_2}=\dfrac{B_1}{B_2}=\dfrac{C_1}{C_2}=\dfrac{D_1}{D_2}$.

典型例题

例1 求过点 $M(2,4,-3)$，且与平面 $2x+3y-5z=5$ 平行的平面方程.

解 因为所求平面和已知平面平行，而已知平面的法向量为 $\boldsymbol{n}_1=\{2,3,-5\}$. 设所求平面的法向量为 $\boldsymbol{n}$，则 $\boldsymbol{n}/\!/\boldsymbol{n}_1$，故可取 $\boldsymbol{n}=\boldsymbol{n}_1$，于是，所求平面方程为

$$2(x-2)+3(y-4)-5(z+3)=0,即 2x+3y-5z=31$$

例2 研究以下各组里两平面的位置关系：

(1) $\Pi_1:-x+2y-z+1=0$，$\Pi_2:y+3z-1=0$；

(2) $\Pi_1:2x-y+z-1=0$，$\Pi_2:-4x+2y-2z-1=0$.

解 (1) $\boldsymbol{n}_1=\{-1,2,-1\}$，$\boldsymbol{n}_2=\{0,1,3\}$ 且 $\cos\theta=\dfrac{|-1\times 0+2\times 1-1\times 3|}{\sqrt{(-1)^2+2^2+(-1)^2}\cdot\sqrt{1^2+3^2}}=\dfrac{1}{\sqrt{60}}$，

故两平面相交，夹角为 $\theta=\arccos\dfrac{1}{\sqrt{60}}$

(2) $\boldsymbol{n}_1=\{2,-1,1\}$，$\boldsymbol{n}_2=\{-4,2,-2\}$ 且 $\dfrac{2}{-4}=\dfrac{-1}{2}=\dfrac{1}{-2}$，

又 $M(1,1,0)\in\Pi_1$，$M(1,1,0)\notin\Pi_2$，故两平面平行但不重合.

自我测试

一、选择题

1. 下列 4 个平面中，通过原点且与 x 轴平行的平面是 ( )
   A. $3x+2y=0$ B. $3x+2z+1=0$ C. $3y+2z=0$ D. $3x+2z=0$

2. 平面 $x+2y-z+1=0$ 和平面 $2x+y+4z+3=0$ 位置关系是 ( )
   A. 平行但不重合   B. 重合
   C. 垂直   D. 相交但不垂直

3. 点 $A(1,1,1)$ 到平面 $2x+y+2z+5=0$ 的距离为 ( )
   A. 3   B. 10   C. $\dfrac{10}{3}$ D. $\dfrac{3}{10}$

4. 通过点 $M=(-5,2,-1)$ 且平行于 yOz 平面的平面方程为 ( )
   A. $x+5=0$ B. $y-2=0$ C. $z+1=0$ D. $x-1=0$

5. 平面 $2x-z=1$ 的位置是 ( )
   A. 与 x 轴垂直   B. 与 y 轴垂直   C. 通过 y 轴   D. 与 zOx 面垂直

二、填空题

1. 通过点 $P(1,1,1)$ 且与 z 轴垂直的平面方程是 $z=$ _____.
2. 通过原点且与平面 $x-2y+1=0$ 平行的平面方程为 _____.
3. 点 $P(k,1,1)$ 到平面 $x+2y-2z-1=0$ 的距离等于 3，则 $k=$ _____.
4. 平面 $x-\sqrt{2}y-z=0$ 与 xOy 面的夹角 $\theta=$ _____.
5. 已知平面 $x+ky-2z=9$ 经过点 $(5,-4,-6)$，则 $k=$ _____.

三、计算题

1. 求下列平面方程
   (1) 经过点 $(-1,2,1)$，法线向量 $\boldsymbol{n}\{1,-1,2\}$；
   (2) 经过三个点 $P_1(2,3,0), P_2(-2,-3,4), P_3(0,6,0)$.

2. 给定平面 $\Pi_0: 2x-8y+z-2=0$ 及点 $P(3,0,-5)$，求平面 Π 的方程，使得平面 Π 经过点 P 且与平面 Π_0 平行.

3. 写出平面 $3x-2y-4z+12=0$ 的截距式方程,并求该平面在各个坐标轴上的截距.

8.4 空间直线及其方程

内容要点

1. 直线的对称式方程 $\dfrac{x-x_0}{m}=\dfrac{y-y_0}{n}=\dfrac{z-z_0}{p}$.

2. 直线的参数式方程 $\begin{cases} x=x_0+mt \\ y=y_0+nt \\ z=z_0+pt \end{cases}$.

3. 两直线的夹角 $\cos\phi=\dfrac{|m_1m_2+n_1n_2+p_1p_2|}{\sqrt{m_1^2+n_1^2+p_1^2}\sqrt{m_2^2+n_2^2+p_2^2}}$.

4. 直线与平面的夹角 $\cos\varphi=\dfrac{|Am+Bn+Cp|}{\sqrt{A^2+B^2+C^2}\sqrt{m^2+n^2+p^2}}$.

典型例题

例1 一直线过点 $A(2,-3,4)$,且与 y 轴垂直相交,求其方程.

解 因为直线和 y 轴垂直相交,所以交点为 $B(0,-3,0)$,$s=\overrightarrow{BA}=\{2,0,4\}$,所求直线方程为

$$\dfrac{x-2}{2}=\dfrac{y+3}{0}=\dfrac{z-4}{4}$$

例2 求过点 $(-3,2,5)$ 且与两平面 $x-4z=3$ 和 $2x-y-5z=1$ 的交线平行的直线方程.

解 设所求直线的方向向量为 $s=\{m,n,p\}$,根据题意知 $s\perp n_1,s\perp n_2$,则取

$$s=n_1\times n_2=\begin{vmatrix} i & j & k \\ 1 & 0 & -4 \\ 2 & -1 & -5 \end{vmatrix}=\{-4,-3,-1\}$$

所求直线的方程为 $\dfrac{x+3}{4}=\dfrac{y-2}{3}=\dfrac{z-5}{1}$.

自我测试

一、选择题

1. 直线 $\dfrac{x-1}{-1}=\dfrac{y+1}{2}=\dfrac{z}{2}$ 与平面 $x+y+z+1=0$ 的夹角余弦为 （　　）

   A. $\dfrac{1}{\sqrt{3}}$ 　　　　　　　　　　B. $\sqrt{\dfrac{2}{3}}$

   C. $\dfrac{1}{3}$ 　　　　　　　　　　　D. $\dfrac{2\sqrt{2}}{3}$

2. 直线 $\begin{cases} x-2y+z=0 \\ x+y-2z=0 \end{cases}$ 与平面 $2x+y+z=1$ 的位置关系为 （　　）

   A. 直线在平面上　　　　　　　　B. 平行

   C. 相交但不垂直　　　　　　　　D. 垂直

3. 设直线方程为 $\begin{cases} 4y+3z=0 \\ x=0 \end{cases}$，则此直线必定 （　　）

   A. 通过原点，且垂直 x 轴

   B. 不通过原点，且不垂直 x 轴

   C. 通过原点，且平行 x 轴

   D. 不通过原点，且不平行 x 轴

4. 直线 $M_1(2,-1,5)$ 和 $M_2(-1,0,6)$ 的直线方程为 （　　）

   A. $\dfrac{x-2}{-3}=\dfrac{y+1}{1}=\dfrac{z-5}{1}$ 　　　B. $\dfrac{x-2}{4}=\dfrac{y+1}{1}=\dfrac{z-5}{1}$

   C. $\dfrac{x-2}{-3}=\dfrac{y-1}{1}=\dfrac{z+5}{1}$ 　　　D. $\dfrac{x-2}{-3}=\dfrac{y+1}{0}=\dfrac{z-5}{1}$

5. 直线 $L:\begin{cases} x=t+1 \\ y=2t-1 \\ z=t \end{cases}$ 的方向向量是 （　　）

   A. $\{1,2,1\}$ 　　　　　　　　　　B. $\{1,1,0\}$

   C. $\{1,0,1\}$ 　　　　　　　　　　D. $\{1,2,0\}$

二、填空题

1. 过点 $(1,2,1)$ 与点 $(2,1,1)$ 的直线方程为_____．

2. 直线 $\begin{cases} x+y-z+1=0 \\ 2x-y+z-4=0 \end{cases}$ 的对称式方程为_____．

3. 直线 $\dfrac{x+3}{3}=\dfrac{y+2}{-2}=\dfrac{z}{1}$ 与平面 $x+2y+2z+6=0$ 的交点为_____．

4. 过点 $M(1,-3,2)$ 且垂直于直线 $\dfrac{x+3}{3}=\dfrac{y+2}{4}=\dfrac{z-5}{-1}$ 的平面为_____．

5. 过点 $A(4,-1,0)$ 且与向量 $\boldsymbol{a}=\{1,-3,2\}$ 平行的直线方程为_____．

三、计算题

1. 写出下列直线方程

(1) 过点 $(4,-1,3)$ 且平行于直线 $\dfrac{x-3}{2}=\dfrac{y}{1}=\dfrac{z-1}{5}$；

(2) 过点 $P(2,-8,3)$ 且垂直于平面 $\Pi: x+2y-3z-2=0$.

2. 将 $\begin{cases} 3x+2y+z-2=0 \\ x+2y+3z+2=0 \end{cases}$ 变为参数式和对称式方程.

3. 求直线 $L_1: \begin{cases} 5x-3y+3z-9=0 \\ 3x-2y+z-1=0 \end{cases}$ 与直线 $L_2: \begin{cases} 2x+2y-z+23=0 \\ 3x+8y+z-18=0 \end{cases}$ 的夹角.

8.5 几种常见的空间曲面

内容要点

1. 曲面方程的概念
2. 旋转曲面
3. 柱面

典型例题

例1 建立球心在点 $M_0(x_0,y_0,z_0)$、半径为 R 的球面方程.

解 设 $M(x,y,z)$ 是球面上任一点,根据题意有

$$|\overrightarrow{MM_0}| = R, \sqrt{(x-x_0)^2+(y-y_0)^2+(z-z_0)^2} = R$$

$$\Downarrow$$

$$(x-x_0)^2+(y-y_0)^2+(z-z_0)^2 = R^2$$

特别地,球心在原点时方程为 $x^2+y^2+z^2 = R^2$.

例2 求与原点 O 及 $M_0(2,3,4)$ 的距离之比为 1:2 的点的全体所组成的曲面方程.

解 设 $M(x,y,z)$ 是曲面上任一点,根据题意有

$$\frac{|\overrightarrow{MO}|}{|\overrightarrow{MM_0}|} = \frac{1}{2}, 即 \frac{\sqrt{x^2+y^2+z^2}}{\sqrt{(x-2)^2+(y-3)^2+(z-4)^2}} = \frac{1}{2}$$

所求方程为 $\left(x+\dfrac{2}{3}\right)^2+(y+1)^2+\left(z+\dfrac{4}{3}\right)^2 = \dfrac{116}{9}$

自我测试

一、选择题

1. 方程 $z = 2x^2+y^2$ 表示的曲面称为 （ ）
   A. 椭球面   B. 抛物面   C. 柱面   D. 球面

2. 下列曲线中,哪一条曲线绕 z 轴旋转后,形成曲面 $2x^2+2y^2+3z^2 = 1$ （ ）
   A. xOy 面上的曲线 $2x^2+2y^2 = 1$ B. zOy 面上的曲线 $x^2+3z^2 = 1$
   C. yOz 面上的曲线 $y^2+3z^2 = 1$ D. yOz 面上的曲线 $2y^2+3z^2 = 1$

3. 直线 $\begin{cases} x=2 \\ y=0 \end{cases}$ 绕 z 轴旋转一周所形成的旋转曲面方程为 （ ）
   A. $y = 0$ B. $x^2+z^2 = 4$ C. $x^2+y^2 = 4$ D. $x^2+y^2 = 1$

4. 曲线 $\begin{cases} \dfrac{y^2}{2}+x^2 = 1 \\ z=0 \end{cases}$ 绕 x 轴旋转一周,所得的旋转曲面的方程为 （ ）
   A. $\dfrac{y^2}{2}+x^2+z^2 = 1$ B. $\dfrac{y^2+z^2}{2}+x^2 = 1$
   C. $\dfrac{(y+z)^2}{2}+x^2 = 1$ D. $\dfrac{y^2}{2}+(x+z)^2 = 1$

5. 以 yOz 面上的抛物线 $z=y^2+1$ 为准线，母线平行 x 轴的抛物柱面方程为 （   ）

　　A. $y=z^2+1$ 　　　　　　　　　　　　B. $z=y^2+1$

　　C. $z=x^2+y^2+1$ 　　　　　　　　　　D. $y^2=\sqrt{x^2+z^2}-1$

二、计算题

1. 求与点 $(3,2,-1)$ 和点 $(4,-3,0)$ 等距离的点的轨迹方程.

2. 写出球心在点 $(-1,-3,2)$ 且通过点 $(1,-1,1)$ 的球面方程.

3. 写出球面 $x^2+y^2+z^2-6z-7=0$ 的半径和球心.

本章测试题

一、选择题

1. 设 $a = \{-1, 2, 3\}$, $b = -2a$, 且 b 的始点坐标为 $(1, 2, 3)$, 则 b 的终点坐标为 ( )
   A. $(3, -2, -3)$ B. $(-3, 2, 3)$
   C. $(2, -4, -6)$ D. $(-2, 4, 6)$

2. 设 $a = \{1, 2, 1\}$, $b = \{2, 1, -1\}$, 则 a 与 b 的夹角余弦 $\cos\theta =$ ( )
   A. $\dfrac{1}{12}$ B. $\dfrac{1}{6}$ C. $\dfrac{1}{3}$ D. $\dfrac{1}{2}$

3. 设 $a = \{2, 1, 2\}$, $b = \{4, -1, 10\}$, $c = b - \lambda a$, 若 $a \perp c$, 则 $\lambda =$ ( )
   A. 3   B. -3 C. 9   D. -9

4. 点 $A(1, 1, 1)$ 到平面 $2x + y + 2z + 5 = 0$ 的距离为
   A. 3   B. 10   C. $\dfrac{10}{3}$ D. $\dfrac{3}{10}$

5. 柱面 $x^2 + z = 0$ 的母线平行于 ( )
   A. y 轴   B. x 轴   C. z 轴   D. zOx 轴

二、填空题

1. 点 $M(-1, 6, 2)$ 关于 x 轴对称的点的坐标为_____.

2. 设 $\alpha = i + j - 4k$, 则 $\alpha \cdot i =$ _____, $\alpha \times i =$ _____.

3. 设平面 $Ax + By + Cz + D = 0$ 过原点且与平面 $6x - 2z + 5 = 0$ 平行, 则 $A =$ _____; $B =$ _____; D _____.

4. 设直线 $\dfrac{x-1}{m} = \dfrac{y+2}{2} = \lambda(z-1)$ 与平面 $-3x + 6y + 3z + 25 = 0$ 垂直, 则 $m =$ _____; $\lambda =$ _____.

5. 球面 $x^2 + y^2 + z^2 - 2z + 2y = 1$ 的球心为_____; 半径为_____.

三、计算题

1. 已知 x 与 $a = (2, -1, 2)$ 共线, 且 $a \cdot b = -18$, 求 x.

2. 设 $a = \{3, -1, -2\}$, $b = \{1, 2, -1\}$, 求
   (1) $\text{Prj}_a b$； (2) $\text{Prj}_b a$； (3) $\cos\theta$ (θ 为 a、b 夹角).

3. 求满足条件的平面方程
   (1) 过点 $P(3, -6, 2)$，且与平面 $x - y + z - 1 = 0$ 和平面 $2x + y + z + 1 = 0$ 都垂直；

   (2) 过点 $(4, -3, -1)$ 和 x 轴.

4.求满足条件的直线

(1)过点$(-1,2,-2),(-3,2,5)$的直线方程；

(2)过点$(2,3,-8)$且与直线$x=t+1,y=-t+1,z=2t+1$平行的直线.

5.求直线$\dfrac{x-1}{1}=\dfrac{y+2}{2}=\dfrac{z-1}{1}$与平面$x-y+z-2=0$的交点.

第9章 多元函数微积分学

9.1 二元函数

内容要点

1. 二元函数的定义、定义域、几何意义
2. 二元函数的极限与连续
3. 有界闭区域上连续函数的性质

典型例题

例1 求二元函数 $f(x,y) = \dfrac{\arcsin(3-x^2-y^2)}{\sqrt{x-y^2}}$ 的定义域.

解
$$\begin{cases} |3-x^2-y^2| \leq 1 \\ x-y^2 > 0 \end{cases}$$

得
$$\begin{cases} 2 \leq x^2+y^2 \leq 4 \\ x > y^2 \end{cases}$$

所求定义域为
$$D = \{(x,y) \mid 2 \leq x^2+y^2 \leq 4, x > y^2\}$$

例2 求极限 $\lim\limits_{\substack{x \to 0 \\ y \to 0}} (x^2+y^2)\sin\dfrac{1}{x^2+y^2}$.

解 令 $u = x^2+y^2$，则
$$\lim_{\substack{x \to 0 \\ y \to 0}}(x^2+y^2)\sin\frac{1}{x^2+y^2} = \lim_{u \to 0} u\sin\frac{1}{u} = 0$$

自我测试

一、选择题

1. 函数 $f(x,y) = \dfrac{1}{1-e^{x+y}}$ 的定义域为 （　　）

  A. 全平面

  B. $x+y \geq 0$

  C. 全平面除去原点 $(0,0)$

  D. 全平面除去直线 $x+y=0$

2. 设 $f(x,y) = \dfrac{2xy}{x^2+y^2}$，则 $f(1,\dfrac{y}{x})$ 为 （　　）

   A. $\dfrac{xy}{x^2+y^2}$ B. $\dfrac{2xy}{x^2+y^2}$

   C. $\dfrac{x^2 y}{x^2+y^2}$ D. $\dfrac{xy^2}{x^2+y^2}$

3. 设 $f(x,y) = x^2 y$，则 $f(\mathrm{e}^{xy}, \sin(x+y))$ 为 （　　）

   A. $\mathrm{e}^{xy} \sin^2(x+y)$ B. $\mathrm{e}^{2xy} \sin(x+y)$

   C. $\mathrm{e}^{(xy)^2} \sin(x+y)$ D. $\mathrm{e}^{xy} \sin(x+y)^2$

4. $\lim\limits_{\substack{x\to 0\\ y\to 0}} \dfrac{xy}{x^2+y^2}$ 为 （　　）

   A. $\dfrac{1}{3}$ B. $\dfrac{1}{2}$

   C. 0   D. 不存在

5. $\lim\limits_{\substack{x\to 1\\ y\to 1}} \dfrac{xy}{1+x^2+y^2}$ 为 （　　）

   A. $\dfrac{1}{3}$ B. $\dfrac{1}{2}$

   C. 0   D. 1

二、填空题

1. 函数 $z = \dfrac{1}{\ln(x+y)}$ 的定义域为 _____．

2. 设 $f(x+y, x-y) = xy$，则 $f(x,y) = $ _____．

3. $\lim\limits_{\substack{x\to 0\\ y\to 0}} \dfrac{\sin(x,y)}{x} = $ _____．

4. 函数 $f(x,y) = \ln(x^2 - y^2 - 1)$ 的连续区域是 _____．

5. 函数 $z = \dfrac{x+y}{x^2+y^2}$ 的间断点为 _____．

三、计算题

1. 求下列函数的定义域

   (1) $F(x,y) = \ln(x+y) - \ln x$；   (2) $G(x,y) = \dfrac{\sqrt{4-x^2-y^2}}{\sqrt{x^2+y^2-1}}$．

(3) $z = f(x,y) = \sqrt{a^2 - x^2 - y^2}$.

2. 计算下列函数极限

(1) $\lim\limits_{(x,y)\to(0,0)} \dfrac{e^{xy}\cos y}{1+x+y}$;

(2) $\lim\limits_{(x,y)\to(0,0)} \dfrac{x^2+y^2}{\sqrt{x^2+y^2+1}-1}$.

9.2 偏导数

内容要点

1. 偏导数的定义及其计算法
2. 高阶偏导数

典型例题

例1 求 $z = x^2 + 3xy + y^2$ 在点 $(1,2)$ 处的偏导数.

解 把 y 看作常数,对 x 求导得到 $f_x(x,y) = 2x + 3y$;把 x 看作常数,对 y 求导得到 $f_y(x,y) = 3x + 2y$.

故所求偏导数为

$$f_x(1,2) = 2 \times 1 + 3 \times 2 = 8$$

$$f_y(1,2) = 3\times 1 + 2\times 2 = 7$$

例2 求二元函数 $z = y\ln(x^2 + y^2)$ 的一阶偏导数.

解 $z'_x = y\dfrac{1}{x^2+y^2}(x^2+y^2)'_x = \dfrac{2xy}{x^2+y^2}$,

$z'_y = \ln(x^2+y^2) + y\dfrac{1}{x^2+y^2}(x^2+y^2)'_y = \ln(x^2+y^2) + \dfrac{2y^2}{x^2+y^2}$.

例3 设 $z = 4x^3 + 3x^2y - 3xy^2 - x + y$,求 $\dfrac{\partial^2 z}{\partial x^2}, \dfrac{\partial^2 z}{\partial y\partial x}, \dfrac{\partial^2 z}{\partial x\partial y}, \dfrac{\partial^2 z}{\partial y^2}, \dfrac{\partial^3 z}{\partial x^3}$.

解 $\dfrac{\partial z}{\partial x} = 12x^2 + 6xy - 3y^2 - 1, \dfrac{\partial z}{\partial y} = 3x^2 - 6xy + 1$,

$\dfrac{\partial^2 z}{\partial x^2} = 24x + 6y, \dfrac{\partial^2 z}{\partial y^2} = -6x, \dfrac{\partial^2 z}{\partial x\partial y} = 6x - 6y, \dfrac{\partial^2 z}{\partial y\partial x} = 6x - 6y$.

自我测试

一、选择题

1. 设 $z = f(x,y)$ 在点 (x_0, y_0) 的某个邻域内有定义,且存在一阶偏导数,则 $\dfrac{\partial z}{\partial x}\Big|_{\substack{x=x_0 \\ y=y_0}}$ 为 ( )

   A. $\lim\limits_{\Delta x \to 0} \dfrac{f(x_0 + \Delta x, y_0 + \Delta x) - f(x_0, y_0)}{\Delta x}$

   B. $\lim\limits_{\Delta x \to 0} \dfrac{f(x_0 + \Delta x, y) - f(x_0, y_0)}{\Delta x}$

   C. $\lim\limits_{\Delta x \to 0} \dfrac{f(x_0 + \Delta x, y_0) - f(x_0, y_0)}{\Delta x}$

   D. $\lim\limits_{\Delta x \to 0} \dfrac{f(x_0 + \Delta x, y) - f(x, y)}{\Delta x}$

2. 设 $f(x,y) = e^{xy} + yx^2 + \sin x$,则 $f'_y(1, 2)$ 为 ( )

   A. $e^2 + 4$ B. $e^2 + 1$
   C. $2e^2 + 4$ D. $2e^2 + 1$

3. 设 $z = \sin(-xy)$,则 $\dfrac{\partial^2 z}{\partial x^2}$ 为 ( )

   A. $-y^2\cos(xy)$ B. $y^2\cos(xy)$
   C. $-xy\cos(xy)$ D. $xy\cos(xy)$

4. 二元函数 $z = f(x,y)$ 在点 (x_0, y_0) 处的两个偏导数存在是函数在点 (x_0, y_0) 处可微分的 ( )

   A. 充分条件   B. 必要条件
   C. 充分、必要条件   D. 无关条件

5. 设 $z = \ln\sqrt{x^2 + y^2}$,则 $x\dfrac{\partial z}{\partial x} + y\dfrac{\partial z}{\partial y}$ 为 ( )

   A. 1   B. 2   C. $\sqrt{x^2+y^2}$ D. $2\sqrt{x^2+y^2}$

二、填空题

1. 设 $z = \ln(e^x + e^y)$,则 $\left.\dfrac{\partial z}{\partial x}\right|_{\substack{x=0\\y=0}} =$ _____.

2. 设 $z = \arcsin(y\sqrt{x})$,则 $\dfrac{\partial z}{\partial y} =$ _____.

3. 设 $f(x,y) = e^{-x}\sin(x+2y)$,则 $f_x\left(0, \dfrac{\pi}{4}\right) =$ _____.

4. 设 $z = x^2\ln(y+1)$,则 $\dfrac{\partial^2 z}{\partial x \partial y} =$ _____.

5. 设 $z = \cos(x^2 + y^2)$,则 $\dfrac{\partial^2 z}{\partial y^2} =$ _____.

三、计算题

1. 求下列函数的偏导数

(1) $z = x^3 y - y^3 x$;

(2) $z = \dfrac{u^2 + v^2}{uv}$;

(3) $z = \sqrt{\ln(xy)}$;

(4) $z = \sin(xy) + \cos^2(xy)$.

2. 求下列函数的所有二阶偏导数

(1) $z = x^3 + y^3 - 2x^2 y^2$;

(2) $z = \arctan \dfrac{x}{y}$.

9.3 全微分

内容要点

全微分的定义：$dz = \dfrac{\partial z}{\partial x}dx + \dfrac{\partial z}{\partial y}dy$.

典型例题

例1 求函数 $z = 4xy^3 + 5x^2y^6$ 的全微分.

解 因为
$$\frac{\partial z}{\partial x} = 4y^3 + 10xy^6, \quad \frac{\partial z}{\partial y} = 12xy^2 + 30x^2y^5$$

且这两个偏导数连续，所以
$$dz = (4y^3 + 10xy^6)dx + (12xy^2 + 30x^2y^5)dy$$

例2 计算函数 $z = e^{xy}$ 在点 $(2,1)$ 处的全微分.

解 $\dfrac{\partial z}{\partial x} = ye^{xy}, \dfrac{\partial z}{\partial y} = xe^{xy}, \quad \left.\dfrac{\partial z}{\partial x}\right|_{(2,1)} = e^2, \left.\dfrac{\partial z}{\partial y}\right|_{(2,1)} = 2e^2$

所求全微分 $dz = e^2 dx + 2e^2 dy$.

自我测试

一、选择题

1. 设 $z = f(x,y)$ 在点 (x,y) 处可微分，则在点 (x,y) 处　　　　（　　）
   A. $f_x(x,y)$ 存在，且 $f_x(x,y)$ 连续
   B. $f_x(x,y)$ 存在，且 $f_x(x,y)$ 不连续
   C. $f_x(x,y)$ 存在，但 $f_x(x,y)$ 不一定连续
   D. $f_x(x,y)$ 不存在

2. 函数 $f(x,y) = \sqrt{x^2 + y^2}$ 在点 $(0,0)$ 处　　　　（　　）
   A. 连续　　　　　　　　　　　　　B. 不连续
   C. 可微　　　　　　　　　　　　　D. 偏导数存在

3. 设 $z = f(x^2 - y^2)$，其中 $f(u)$ 是可微分函数，$u = x^2 - y^2$，则 $\dfrac{\partial z}{\partial x}$ 为　　（　　）
   A. $2xf(x^2 - y^2)$　　　　　　　　B. $2xf'(x^2 - y^2)$
   C. $-2yf(x^2 - y^2)$　　　　　　　D. $-2yf'(x^2 - y^2)$

4. 设 $z = \ln(1 + x^2 + y^2)$，则 $dz|_{(1,1)}$ 为　　　　（　　）
   A. $\dfrac{4}{3}$　　　　　　　　　　　　　B. $\dfrac{2}{3}dy$
   C. $\dfrac{1}{3}(dx + dy)$　　　　　　　D. $\dfrac{2}{3}(dx + dy)$

5. 设 $f_x(x,y)$, $f_y(x,y)$ 连续是 $z=f(x,y)$ 可微分的 ( )

　　A. 无关　　　　　　　B. 必要　　　　　　C. 充要　　　　　　D. 充分

二、计算题

1. 设 $z = x^2 + 3xy^2$，则 $dz = $ _____．

2. 设 $z = e^{x^2+y^2}$，则 $dz = $ _____．

3. 设 $z = \ln(xy + \ln y)$，，则 $dz\big|_{\substack{x=1\\y=1}} = $ _____．

4. 设 $z = x\sin(x+y)$ 在点 $(\dfrac{\pi}{4}, \dfrac{\pi}{4})$ 的全微分 $dz = $ _____．

三、计算题

1. 函数 $z = \dfrac{y}{x}$ 在 $x=2, y=1, \Delta x = 0.1, \Delta y = -0.2$ 时的全增量 Δz 和全微分 dz.

2. 求下列函数的全微分

　(1) $z = xy + \dfrac{x}{y}$;　　　　　　　　　　　　　(2) $z = e^y \cos(x-y)$.

9.4 复合函数与隐函数的微分法

内容要点

1. 复合函数的偏导数

(1) 复合函数的中间变量为一元函数的情形: $z = f[u(t), v(t)]$,则

$$\frac{dz}{dt} = \frac{\partial z}{\partial u}\frac{du}{dt} + \frac{\partial z}{\partial v}\frac{dv}{dt}$$

(2) 复合函数的中间变量为多元函数的情形: $z = f[u(x,y), v(x,y)]$,则

$$\frac{\partial z}{\partial x} = \frac{\partial z}{\partial u}\frac{\partial u}{\partial x} + \frac{\partial z}{\partial v}\frac{\partial v}{\partial x}, \quad \frac{\partial z}{\partial y} = \frac{\partial z}{\partial u}\frac{\partial u}{\partial y} + \frac{\partial z}{\partial v}\frac{\partial v}{\partial y}$$

(3) 复合函数的中间变量既有一元也有为多元函数的情形: $z = f(u(x,y), x, y)$,则

$$\frac{\partial z}{\partial x} = \frac{\partial f}{\partial u} \cdot \frac{\partial u}{\partial x} + \frac{\partial f}{\partial x}, \quad \frac{\partial z}{\partial y} = \frac{\partial f}{\partial u} \cdot \frac{\partial u}{\partial y} + \frac{\partial f}{\partial y}$$

2. 隐函数的微分法

$y = y(x)$ 是由方程 $F(x,y) = 0$ 确定的隐函数,则 $\dfrac{dy}{dx} = -\dfrac{F'_x}{F'_y}$.

典型例题

例 1 设 $z = u^2 v$, 而 $u = e^t, v = \cos t$,求导数 $\dfrac{dz}{dt}$.

解 $\dfrac{dz}{dt} = \dfrac{\partial z}{\partial u} \cdot \dfrac{du}{dt} + \dfrac{\partial z}{\partial v} \cdot \dfrac{dv}{dt} + \dfrac{\partial z}{\partial t} =$

$2uve^t - u^2 \sin t =$

$2e^t \cos t - e^{2t} \sin t = e^{2t}(2\cos t - \sin t)$.

例 2 设 $z = e^u \sin v$,而 $u = xy, v = x + y$, 求 $\dfrac{\partial z}{\partial x}$ 和 $\dfrac{\partial z}{\partial y}$.

解 $\dfrac{\partial z}{\partial x} = \dfrac{\partial z}{\partial u} \cdot \dfrac{\partial u}{\partial x} + \dfrac{\partial z}{\partial v} \cdot \dfrac{\partial v}{\partial x}$

$e^u \sin v \cdot y + e^u \cos v \cdot 1 =$

$e^u(y \sin v + \cos v) =$

$e^{xy}[y \sin(x+y) + \cos(x+y)]$

例 3 求由方程 $y - xe^y + x = 0$ 所确定的 y 是 x 函数的导数.

解 令 $F = y - xe^y + x$,有

$$\frac{\partial F}{\partial x} = -e^y + 1, \quad \frac{\partial F}{\partial y} = 1 - xe^y$$

所以

$$\frac{dy}{dx} = \frac{-e^y + 1}{1 - xe^y} = \frac{e^y - 1}{1 - xe^y}$$

自我测试

一、选择题

1. 设 $z = f(x^2 - y^2)$，其中 $f(u)$ 是可微分函数，$u = x^2 - y^2$，则 $\dfrac{\partial z}{\partial x}$ 为 (　　)

   A. $2xf(x^2 - y^2)$ 　　　　　　　　　　B. $2xf'(x^2 - y^2)$
   C. $-2yf(x^2 - y^2)$ 　　　　　　　　　D. $-2yf'(x^2 - y^2)$

2. 设 $z = (1 + 2x)^{3y}$，则 $\dfrac{\partial z}{\partial x}$ 为 (　　)

   A. $(1 + 2x)^{3y} \ln(1 + 2x)$ 　　　　　B. $2(1 + 2x)^{3y} \ln(1 + 2x)$
   C. $3y(1 + 2x)^{3y-1}$ 　　　　　　　　D. $6y(1 + 2x)^{3y-1}$

3. 设 $z = u^2 + v^2$，$u = x - y$，$v = x + y$，则 $\dfrac{\partial z}{\partial x} + \dfrac{\partial z}{\partial y}$ 为 (　　)

   A. $x + y$ 　　　B. $2x + 2y$ 　　　C. $4x + 4y$ 　　　D. $x^2 + y^2$

4. 设 $z = \dfrac{y}{x}$，$x = e^t$，$y = 1 - e^{2t}$，则 $\dfrac{dz}{dt}$ 为 (　　)

   A. $-(e^t + e^{-t})$ 　　B. $e^t + e^{-t}$ 　　C. $e^t - e^{-t}$ 　　D. $e^{-t} - e^t$

5. 设 $z = \arctan(xy)$，$y = e^x$，则 $\dfrac{dz}{dx}$ 为 (　　)

   A. $\dfrac{e^x(1 - x)}{1 + x^2 e^{2x}}$ 　　B. $\dfrac{e^x(1 + x)}{1 + x^2 e^{2x}}$ 　　C. $\dfrac{1 + x}{1 + x^2 e^{2x}}$ 　　D. $\dfrac{1 - x}{1 + x^2 e^{2x}}$

二、填空题

1. 设 $z = (3x + 2)^{2y - x}$，则 $\dfrac{\partial z}{\partial y} = $ _____．

2. 设 $z = e^{2y - x}$，$x = \cos t$，$y = t^2$，则 $\dfrac{dz}{dt} = $ _____．

3. 设 $z = u e^v$，$u = xy$，$v = x + y$，则 $\dfrac{\partial z}{\partial x} = $ _____．

4. 设 $z = e^{x^2 + y^2 + z^2}$，$z = x^2 \sin y$，则 $\dfrac{\partial z}{\partial y} = $ _____．

三、计算题

1. $z = u^v$，$u = x$，$v = \sin x$，求 $\dfrac{dz}{dx}$．

2. $z = u^2 \ln v, u = \dfrac{y}{x}, v = 3y - 2x$，求 $\dfrac{\partial z}{\partial x}, \dfrac{\partial z}{\partial y}$.

3. 设 $\sin y + e^x - xy^2 = 0$，求 $\dfrac{dy}{dx}$.

4. 设 $x + y + z = e^{-(x+y+z)}$，求 $\dfrac{\partial z}{\partial x}, \dfrac{\partial z}{\partial y}$.

9.5 二元函数的极值

内容要点

1. 二元函数的无条件极值：极值的定义、极值的必要条件与充分条件

求 $z = f(x, y)$ 的极值的一般步骤为：

第一步：解方程组 $f_x(x, y) = 0, f_y(x, y) = 0$，求出 $f(x, y)$ 的所有驻点；

第二步：求出函数 $f(x, y)$ 的二阶偏导数，依次确定各驻点处 A、B、C 的值，并根据 $AC - B^2$ 的符号判定驻点是否为极值点．最后求出函数 $f(x, y)$ 在极值点处的极值．

2. 条件极值、拉格朗日乘数法

在所给条件 $\varphi(x, y) = 0$ 下，求目标函数 $z = f(x, y)$ 的极值．引进拉格朗日函数

$$F(x, y, \lambda) = f(x, y) + \lambda \varphi(x, y)$$

它将有约束条件的极值问题化为普通的无条件的极值问题．

典型例题

例1 求函数 $f(x,y) = x^3 - y^3 + 3x^2 + 3y^2 - 9x$ 的极值.

解 先解方程组 $\begin{cases} f_x(x,y) = 3x^2 + 6x - 9 = 0 \\ f_y(x,y) = -3y^2 + 6y = 0 \end{cases}$ 解得驻点为 $(1,0),(1,2),(-3,0),(-3,2)$.

再求出二阶偏导数 $f_{xx}(x,y) = 6x+6, f_{xy}(x,y) = 0, f_{yy}(x,y) = -6y+6$.

在点 $(1,0)$ 处, $AC - B^2 = 12 \cdot 6 > 0$, 又 $A > 0$,

故函数在该点处有极小值 $f(1,0) = -5$;

在点 $(1,2)$ 处, $(-3,0)$ 处, $AC - B^2 = -12 \cdot 6 < 0$, 故函数在这两点处没有极值;

在点 $(-3,2)$ 处, $AC - B^2 = -12 \times (-6) > 0$, 又 $A < 0$, 故函数在该点处有极大值 $f(-3, 2) = 31$.

例2 求表面积为 a^2 而体积为最大的长方体的体积.

解 设长方体的三棱长为 x,y,z, 则该问题就是在条件

$$\varphi(x,y,z) = 2xy + 2yz + 2xz - a^2 = 0 \qquad (1)$$

下, 求函数 $V = xyz(x>0, y>0, z>0)$ 的最大值.

作拉格朗日函数

$$L(x,y,z,\lambda) = xyz + \lambda(2xy + 2yz + 2xz - a^2)$$

由 $\begin{cases} L_x = yz + 2\lambda(y+z) = 0 \\ L_y = xz + 2\lambda(x+z) = 0 \\ L_z = xy + 2\lambda(y+x) = 0 \end{cases} \Rightarrow \dfrac{x}{y} = \dfrac{x+z}{y+z}, \dfrac{y}{z} = \dfrac{x+y}{x+z} \Rightarrow x = y = z$

代入 (1) 式, 得唯一可能的极值点: $x = y = z = \sqrt{6}a/6$, 由问题本身意义知, 此点就是所求最大值点. 即表面积为 a^2 的长方体中, 以棱长为 $\sqrt{6}a/6$ 的正方体的体积为最大, 最大体积 $V = \dfrac{\sqrt{6}}{36}a^3$.

自我测试

一、选择题

1. 函数 $z = 2x^2 - 3y^2 - 4x - 6y - 1$ 的驻点是 （ ）

   A. $(1,1)$ B. $(1,-1)$ C. $(1,2)$ D. $(1,-2)$

2. 函数 $z = xy$ 在点 $(0,0)$ 处 （ ）

   A. 有极大值   B. 有极小值
   C. 没有极值   D. 无法判断是否有极值

3. 若 (x_0, y_0) 为 $f(x,y)$ 的驻点, $f(x,y)$ 在点 (x_0, y_0) 的某一邻域内有连续的二阶偏导数, 且 $\Delta = f_{xx}(x_0, y_0)f_{yy}(x_0, y_0) - f_{xy}^2(x_0, y_0) > 0$, 则点 (x_0, y_0) 必为 $f(x,y)$ 的 （ ）

   A. 极值点   B. 极大值点   C. 极小值点   D. 零点

4. 若函数 $f(x,y) = x^2 + 2xy + 3y^2 + ax + by + 6$ 在点 $(1,-1)$ 处取得极值, 则常数 a,b 为 （ ）

   A. 0, 4   B. 1, 5   C. 4, 0   D. 5, 1

5. 函数 $z = xy$ 在条件 $x^2 + y^2 = 1$ 下的最大值为 ( )

A. $-\dfrac{1}{2}$ B. 0   C. 1   D. $\dfrac{1}{2}$

二、填空题

1. 设 $f(x,y) = x^2 - 4x - y^2$，则 $f(x,y)$ 的驻点的坐标为_____.

2. 函数 $f(x,y) = x^3 - 4x^2 + 2xy - y^2$ 的极大值点是_____.

3. 设函数 $z = f(x,y)$ 在 (x_0, y_0) 处可微，则点 (x_0, y_0) 是函数 z 的极值点的必要条件为_____.

三、计算题

1. 求下列函数的极值

(1) $z = 4(x - y) - x^2 - y^2$;   (2) $z = x^3 + y^3 - 3xy$.

2. 用拉格朗日乘数法求下列条件极值的可能极值点，并用无条件极值的方法确定是否取得极值.

(1) 目标函数 $z = xy$，约束条件 $x + y = 1$；

(2) 目标函数 $z = x^2 + y^2$，约束条件 $\dfrac{x}{a} + \dfrac{y}{b} = 1$.

9.6 二重积分

内容要点

1. 二重积分的概念、引例、求曲顶柱体的体积
2. 二重积分的几何意义、基本性质
3. 二重积分的计算：

对 X - 型区域：$\{(x,y) \mid a \leq x \leq b, \varphi_1(x) \leq y \leq \varphi_2(x)\}$，有

$$\iint\limits_D f(x,y)\,dxdy = \int_a^b dx \int_{\varphi_1(x)}^{\varphi_2(x)} f(x,y)\,dy$$

对 Y - 型区域：$\{(x,y) \mid c \leq y \leq d, \psi_1(y) \leq x \leq \psi_2(y)\}$，有

$$\iint\limits_D f(x,y)\,dxdy = \int_c^d dy \int_{\psi_1(y)}^{\psi_2(y)} f(x,y)\,dx$$

典型例题

例1 设积分区域

$$D = \{(x,y) \mid 0 \leq x \leq 1, 0 \leq y \leq 1\}$$

计算二重积分 $\iint\limits_D e^{x+y}\,dxdy$.

解
$$\iint\limits_D e^{x+y}\,dxdy = \int_0^1 \left[\int_0^1 e^{x+y}\,dx\right]dy = \int_0^1 \left[\int_0^1 e^{x+y}\,d(x+y)\right]dy =$$
$$\int_0^1 e^{x+y}\Big|_0^1 dy = \int_0^1 (e^{1+y} - e^y)\,dy =$$
$$\int_0^1 e^{1+y}\,dy - \int_0^1 e^y\,dy = \int_0^1 e^{1+y}\,d(1+y) - e^y\Big|_0^1 =$$
$$e^{1+y}\Big|_0^1 - (e - e^0) =$$
$$e^2 - e^0 - e + 1 = e^2 - e.$$

例2 计算 $\iint_D xy\,d\sigma$，其中 D 是由直线 $y=1, x=2$ 及 $y=x$ 所围成的闭区域.

解一 将积分区域视为 $X-$型区域，则

$$\iint_D xy\,d\sigma = \int_1^2\left[\int_1^x xy\,dy\right]dx = \int_1^2\left[x\cdot\frac{y^2}{2}\right]_1^x dx = \int_1^2\left[\frac{x^3}{2}-\frac{x}{2}\right]dx = \left[\frac{x^4}{8}-\frac{x^2}{4}\right]_1^2 = 1\frac{1}{8}$$

解二 将积分区域视为 $Y-$型，则

$$\iint_D xy\,d\sigma = \int_1^2\left[\int_y^2 xy\,dx\right]dy = \int_1^2\left[y\cdot\frac{x^2}{2}\right]_y^2 dy = \int_1^2\left[2y-\frac{y^3}{2}\right]dy = \left[y^2-\frac{y^4}{8}\right]_1^2 = 1\frac{1}{8}$$

自我测试

一、选择题

1. 设 D 是长方形区域：$0\leq x\leq 1, 1\leq y\leq 3$, $I_1=\iint_D(x+y)^2 d\sigma, I_2=\iint_D(x+y)d\sigma, I_3=\iint_D(x+y)^3 d\sigma$，则 （　　）

   A. $I_1>I_2>I_3$　　B. $I_1<I_2<I_3$　　C. $I_3>I_1>I_2$　　D. $I_1>I_3>I_2$

2. 设区域 D 是圆形域：$x^2+y^2\leq 1$，则按照二重积分的几何意义，$\iint_D\sqrt{1-x^2-y^2}\,dxdy$ 为 （　　）

   A. π　　B. $\frac{2}{3}\pi$　　C. $\frac{4}{3}\pi$　　D. 2π

3. 设 $I=\iint_D\sqrt[3]{x^2+y^2-1}\,dxdy$，其中 D 是圆环域：$1\leq x^2+y^2\leq 2$，则下面判断正确的是 （　　）

   A. $I>0$　　　　　　　　　　　B. $I<0$
   C. $I=0$　　　　　　　　　　　D. $I\neq 0$，但 I 的符号不能确定

4. 将二重积分 $\iint_D f(x,y)d\sigma$ 化成二次积分，其中区域 D 是由上半圆周 $y=\sqrt{a^2-x^2}$ 及 $y=0$ 所围成，则下列各式正确的是 （　　）

   A. $\int_{-a}^a dx\int_0^a f(x,y)dy$

   B. $\int_0^a dy\int_0^{\sqrt{a^2-y^2}} f(x,y)dx$

   C. $\int_0^a dy\int_{-\sqrt{a^2-y^2}}^{\sqrt{a^2-y^2}} f(x,y)dx$

   D. $\int_0^a dy\int_{-\sqrt{a^2-x^2}}^{\sqrt{a^2-x^2}} f(x,y)dx$

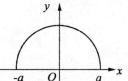

5. 将二重积分 $\iint_D f(x,y)dxdy$ 化成二次积分,其中区域 D 是由 $y=4, y=x^2(x\geq 0)$ 及 $x=0$ 所围成,则下列各式中正确的是 ( )

A. $\int_0^2 dx \int_0^4 f(x,y)dy$

B. $\int_0^2 dx \int_0^{x^2} f(x,y)dy$

C. $\int_{x^2}^4 dx \int_0^2 f(x,y)dy$

D. $\int_0^2 dx \int_{x^2}^4 f(x,y)dy$

二、计算题

1. 计算二重积分 $\iint_D (x+2y)dxdy$,其中闭区域 D 是由直线 $x+y=2$ 及两个坐标轴所围成.

2. 计算二重积分 $\iint_D xydxdy$,其中闭区域 D 是由 $y^2=x$ 及 $y=x-2$ 所围成.

本章测试题

一、选择题

1. 函数 $z=\ln(xy)$ 的定义域是 ( )
   A. $x \geq 0, y \geq 0$
   B. $x \geq 0, y \geq 0$ 或 $x \leq 0, y \leq 0$
   C. $x < 0, y < 0$
   D. $x > 0, y > 0$ 或 $x < 0, y < 0$

2. $\lim\limits_{\substack{x \to 0 \\ y \to 0}} \dfrac{xy}{1+x^2+y^2}$ 为 ( )
   A. $\dfrac{1}{2}$ 　　 B. $\dfrac{1}{3}$ 　　 C. 0 　　 D. 不存在

3. 设 $z=f(x,y)$,则 $\dfrac{\partial z}{\partial y}$ 为 ( )
   A. $\lim\limits_{\Delta y \to 0} \dfrac{f(x_0+\Delta x, y_0+\Delta y)-f(x_0,y_0)}{\Delta y}$
   B. $\lim\limits_{\Delta y \to 0} \dfrac{f(x_0, y_0+\Delta y)-f(x_0,y_0)}{\Delta y}$
   C. $\lim\limits_{\Delta y \to 0} \dfrac{f(x+\Delta x, y_0+\Delta y)-f(x_0,y_0)}{\Delta y}$
   D. $\lim\limits_{\Delta y \to 0} \dfrac{f(x_0+\Delta x, y_0+\Delta y)-f(x,y)}{\Delta y}$

4. 若 $f_x(x_0,y_0)=0, f_y(x_0,y_0)=0$,则 $f(x,y)$ 在 (x_0,y_0) 处 ( )
   A. 有极值
   B. 无极值
   C. 不一定有极值
   D. 有极大值

5. 如果 $\iint\limits_{D} \mathrm{d}x\mathrm{d}y = 1$,其中区域 D 是由( )所围成的闭区域.
   A. $y=x+1, x=0, x=1$ 及 x 轴
   B. $|x|=1, |y|=1$
   C. $2x+y=2$ 及 x 轴、y 轴
   D. $|x+y|=1, |x-y|=1$

二、填空题

1. 设 $f(x+y, x-y)=x^2+y^2$,则 $f(x,y)=$ _____.

2. 函数 $f(x,y)=\dfrac{1}{1-\mathrm{e}^{x+y}}$,则 $f(x,y)$ 的间断点为 _____.

3. 若 $f(x,y)=xy+\dfrac{x}{y}$,则 $f_x(2,1)=$ _____; $f_y(2,1)=$ _____.

4. 设 $z=\mathrm{e}^{x^2+y^2}$,则 $\mathrm{d}z=$ _____.

5. 设 D 是由 $0 \leq x \leq 1, 0 \leq y \leq \pi$ 所确定的闭区域,则 $\iint\limits_{D} xy^2 \mathrm{d}x\mathrm{d}x =$ _____.

三、计算题

1. 求下列函数的偏导数

(1) $z = xe^{-y}$, 求 $\dfrac{\partial z}{\partial x}, \dfrac{\partial z}{\partial y}$;

(2) $z = \ln \sin(x - 2y)$, 求 $\dfrac{\partial z}{\partial x}, \dfrac{\partial z}{\partial y}$;

(3) $z = \ln(e^u + v)$, $y = xy$, $v = x + y$, 求 $\dfrac{\partial z}{\partial x}, \dfrac{\partial z}{\partial y}$;

(4) 设 $e^{xy} - xy^2 = \sin y$, 求 $\dfrac{dy}{dx}$;

(5) 已知 $z = x\ln(x + y)$, 求各二阶偏导数.

2. 求下列函数的全微分
   (1) $z = x^2 y^3$;
   (2) $z = \sin(x^2 + y^2)$.

3. 求下列函数的极值
   (1) $z = x^2 + xy + y^2 + x - y + 1$;

   (2) 求函数 $z = x^2 + y^2$ 在条件 $2x + y = 2$ 下的条件极值.

4. 计算二重积分

(1) $\iint\limits_{D}(x^2 + y^2 - x)\,dxdy$，其中 D 是由直线 $y=2, y=x, y=2x$ 所围成的闭区域；

(2) $\iint\limits_{D} xy\,dxdy$，其中 D 是由直线 $x=\sqrt{y}, x=3-2y$ 及 $y=0$ 所围成的闭区域.

第10章 无穷级数

10.1 数项级数及其敛散性的判别法

内容要点

1. 无穷级数 $\sum_{n=1}^{\infty} u_n$ 与其部分和数列 $\{s_n\}$ 具有同样的敛散性，$\sum_{n=1}^{\infty} u_n = \lim_{n\to\infty} s_n$.

2. 收敛级数的性质

3. 正项级数收敛的充要条件是：它的部分和数列 $\{s_n\}$ 有界. 以此为基础推出一系列级数收敛性的判别法：比较审敛法；比值审敛法.

4. 交错级数收敛性的判别法、莱布尼茨判别法

5. 任意项级数的绝对收敛与条件收敛：

(1) 如果 $\sum_{n=1}^{\infty} |u_n|$ 收敛，则称 $\sum_{n=1}^{\infty} u_n$ 为绝对收敛；

(2) 如果 $\sum_{n=1}^{\infty} |u_n|$ 发散，但 $\sum_{n=1}^{\infty} u_n$ 收敛，则称 $\sum_{n=1}^{\infty} u_n$ 条件收敛.

典型例题

例1 讨论等比级数（又称为几何级数）

$$\sum_{n=0}^{\infty} aq^n = a + aq + aq^2 + \cdots + aq^n + \cdots \quad (a \neq 0)$$

的收敛性.

解 当 $q \neq 1$，有 $s_n = a + aq + aq^2 + \ldots + aq^{n-1} = \dfrac{a(1-q^n)}{1-q}$，

若 $|q| < 1$，有 $\lim\limits_{n\to\infty} q^n = 0$，则 $\lim\limits_{n\to\infty} s_n = \dfrac{a}{1-q}$；

若 $|q| > 1$，有 $\lim\limits_{n\to\infty} q^n = \infty$，则 $\lim\limits_{n\to\infty} s_n = \infty$；

若 $q = 1$，有 $s_n = na$，$\lim\limits_{n\to\infty} s_n = \infty$；

若 $q = -1$，则级数变为

$$s_n = \underbrace{a - a + a - a + \ldots + (-1)^{n-1} a}_{n\uparrow} = \frac{1}{2} a [1 - (-1)^n],$$

易见 $\lim\limits_{n\to\infty} s_n$ 不存在. 综上所述，当 $|q| < 1$ 时，等比级数收敛，

且 $a + aq + aq^2 + \ldots + aq^n + \ldots = \dfrac{a}{1-q}$.

例 2 判别下列级数的收敛性：

(1) $\sum\limits_{n=1}^{\infty} \dfrac{n}{2^n}$; (2) $\sum\limits_{n=1}^{\infty} \dfrac{n!}{10^n}$.

解 (1) 因为 $\lim\limits_{n\to\infty}\dfrac{u_{n+1}}{u_n} = \lim\limits_{n\to\infty}\dfrac{\frac{n+1}{2^{n+1}}}{\frac{n}{2^n}} = \dfrac{n+1}{2n} = \dfrac{1}{2} < 1$,

由比值判别法知，题设级数 $\sum\limits_{n=1}^{\infty}\dfrac{n}{2^n}$ 是收敛的.

(2) $u_n = \dfrac{n!}{10^n}$，由于 $\dfrac{u_{n+1}}{u_n} = \dfrac{(n+1)!}{10^{n+1}} \cdot \dfrac{10^n}{n!} \xrightarrow{n\to\infty} \infty$,

所以级数 $\sum\limits_{n=1}^{\infty}\dfrac{n!}{10^n}$ 发散.

例 3 判断级数 $\sum\limits_{n=1}^{\infty}\dfrac{(-1)^{n-1}}{n}$ 的收敛性.

解 易见题设级数的一般项

$$(-1)^{n-1}u_n = \dfrac{(-1)^{n-1}}{n}$$

满足：

(1) $\dfrac{1}{n} \geqslant \dfrac{1}{n+1}(n=1,2,3,\cdots)$;

(2) $\lim\limits_{n\to\infty}\dfrac{1}{n} = 0$.

所以级数 $\sum\limits_{n=1}^{\infty}\dfrac{(-1)^{n-1}}{n}$ 收敛，其和 $s \leqslant 1$.

例 4 判别级数 $\sum\limits_{n=1}^{\infty}\dfrac{\sin n}{n^2}$ 的收敛性.

解 因为 $\left|\dfrac{\sin n}{n^2}\right| \leqslant \dfrac{1}{n^2}$，而 $\sum\limits_{n=1}^{\infty}\dfrac{1}{n^2}$ 收敛，

所以 $\sum\limits_{n=1}^{\infty}\left|\dfrac{\sin n}{n^2}\right|$ 收敛，故由定理知原级数绝对收敛.

自我测试

一、选择题

1. 若级数 $\sum\limits_{n=1}^{\infty} u_n$ 收敛，则下列级数中收敛的是 (   )

A. $\sum\limits_{n=1}^{\infty}(u_n + 1)$ B. $\sum\limits_{n=1}^{\infty} 10u_n$

C. $\sum_{n=1}^{\infty}(u_n-1)$ D. $\sum_{n=1}^{\infty}\dfrac{10}{u_{n+1}-u_n}$

2. 正项级数 $\sum_{n=1}^{\infty}u_n$ 收敛的充分必要条件是 ( )

   A. $\lim\limits_{n\to\infty}u_n=0$

   B. $\lim\limits_{n\to\infty}\dfrac{u_n+1}{u_n}=r<1$

   C. $\{S_n\}$ 有界

   D. $u_n\leqslant 1$

3. 下列级数中收敛的是 ( )

   A. $\sum_{n=1}^{\infty}\dfrac{1}{n}$ B. $\sum_{n=1}^{\infty}\dfrac{1}{\sqrt[n]{n}}$

   C. $\sum_{n=1}^{\infty}\dfrac{1}{2n+1}$ D. $\sum_{n=1}^{\infty}\dfrac{1}{\sqrt{n^3}}$

4. $\lim\limits_{n\to\infty}u_n\neq 0$ 是级数 $\sum_{n=1}^{\infty}u_n$ 发散的 ( )

   A. 充分条件 B. 必要条件

   C. 充分必要条件 D. 既非充分也非必要条件

5. 下列级数条件收敛的是 ( )

   A. $\sum_{n=1}^{\infty}(-1)^n\dfrac{1}{n^2}$

   B. $\sum_{n=1}^{\infty}(-1)^n\dfrac{2n}{n+1}$

   C. $\sum_{n=1}^{\infty}(-1)^{n+1}\dfrac{1}{\sqrt[3]{n}}$

   D. $\sum_{n=1}^{\infty}(-1)^n\dfrac{1}{n\sqrt{n}}$

二、填空题

1. 设级数为 $\dfrac{2}{5}+\dfrac{4}{8}+\dfrac{6}{11}+\dfrac{8}{14}+\cdots$，则它的一般项 $u_n=$ _____.

2. 设级数为 $\sum_{n=1}^{\infty}u_n$ 的一般项 $u_n=\dfrac{3n-2}{n^2+1}$，则 $\sum_{n=1}^{3}u_n=$ _____.

3. 设级数 $\sum_{n=1}^{\infty}u_n=2$，$\sum_{n=1}^{\infty}v_n=-5$，则 $\sum_{n=1}^{\infty}(u_n+v_n)=$ _____.

4. 设级数 $\sum_{n=1}^{\infty}\dfrac{1}{n(n+1)}$，则其和 $S=$ _____.

5. 设级数 $\sum_{n=1}^{\infty}\dfrac{6}{10^n}$，则其和 $S=$ _____.

三、计算题

1. 写出级数 $\sum_{n=1}^{\infty} \dfrac{(-1)^{n-1}}{5^n}$ 的前 5 项.

2. 判别级数 $\sum_{n=1}^{\infty} \dfrac{n+1}{100n}$ 的敛散性.

3. 判断级数 $\sum_{n=1}^{\infty} \dfrac{n!}{10^n}$ 的敛散性.

4. 判断级数 $\sum_{n=1}^{\infty} (-1)^{n-1} \dfrac{1}{n+1}$ 的敛散性.

5. 判断级数 $\sum_{n=1}^{\infty} \dfrac{(-1)^{n-1}}{n2^n}$ 是否收敛,若收敛,是绝对收敛还是条件收敛?

10.2 幂级数

内容要点

1. 函数项级数的基本概念
2. 收敛半径 R 及其求法
3. 求幂级数 $\sum\limits_{n=0}^{\infty} a_n x^n$ 收敛域的基本步骤：

(1) 求出收敛半径 R；

(2) 判别常数项级数 $\sum\limits_{n=0}^{\infty} a_n R^n, \sum\limits_{n=0}^{\infty} a_n(-R)^n$ 的收敛性；

(3) 写出幂级数的收敛域.

4. 幂级数展开：

(1) 利用直接法将函数展开成幂级数；

(2) 利用间接法将函数展开成幂级数.

典型例题

例1 求幂级数

$$\sum_{n=1}^{\infty}(-1)^{n-1}\frac{x^n}{n} = x - \frac{x^2}{2} + \frac{x^3}{3} - \cdots + (-1)^{n-1}\frac{x^n}{n} + \cdots$$

的收敛半径与收敛域.

解 因为 $\rho = \lim\limits_{n\to\infty}\left|\dfrac{a_{n+1}}{a_n}\right| = \lim\limits_{n\to\infty}\dfrac{\dfrac{1}{n+1}}{\dfrac{1}{n}} = 1$，

所以收敛半径为 $R = \dfrac{1}{\rho} = 1$.

当 $x = 1$ 时, 幂级数成为 $\sum\limits_{n=1}^{\infty}(-1)^{n-1}\dfrac{1}{n}$, 是收敛的;

当 $x = -1$ 时, 幂级数成为 $\sum\limits_{n=1}^{\infty}\left(-\dfrac{1}{n}\right)$, 是发散的. 因此, 收敛域为 $(1,1]$.

例2 将函数 $f(x) = \sin x$ 展成 x 的幂级数.

解 $f^{(n)}(x) = \sin\left(x + \dfrac{n\pi}{2}\right)(n = 0,1,2,\cdots)$

$f^{(n)}(0)$ 顺序循环地取 $0,1,0,-1,\cdots(n = 0,1,2,\cdots)$, 于是

$f(x)$ 的麦克劳林级数为

$$x - \frac{1}{3!}x^3 + \frac{1}{5!}x^5 - \cdots + (-1)^n\frac{x^{2n+1}}{(2n+1)!} + \cdots$$

该级数的收敛半径为 $R = +\infty$.

对于任何有限的数 x、ξ(ξ 介于 0 与 x 之间),有

$$|R_n(x)| = \left|\frac{\sin\left[\xi + \frac{(n+1)\pi}{2}\right]}{(n+1)!}x^{n+1}\right| < \frac{|x|^{n+1}}{(n+1)!} \to 0 \,(n\to\infty),$$

于是 $\sin x = x - \frac{1}{3!}x^3 + \cdots + (-1)^n \frac{x^{2n+1}}{(2n+1)!} + \cdots, x\in(-\infty,+\infty)$.

自我测试

一、选择题

1. 设常数 $a > b > 0$,则幂级数 $\sum\limits_{n=1}^{\infty}\frac{n}{a^n+b^n}x^n$ 的收敛半径为 ( )

   A. $R = a$　　　　　B. $R = b$　　　　　C. $R = a+b$　　　　　D. $R = \frac{a+b}{2}$

2. 若级数 $\sum\limits_{n=1}^{\infty}a_n x^n$ 在 $x=2$ 处收敛,则级数 $\sum\limits_{n=1}^{\infty}a_n(x-\frac{1}{2})^n$ 在 $x=-2$ 处的收敛性为 ( )

   A. 绝对收敛　　　　B. 条件收敛　　　　C. 发散　　　　　D. 不能确定

3. 级数 $\ln x + \ln^2 x + \cdots \ln^n x + \cdots$ 的收敛域是 ( )

   A. $\frac{1}{e} < x < e$　　B. $x < e$　　　　C. $x > e$　　　　D. $\frac{1}{e} \leqslant x \leqslant e$

4. 设级数 $\sum\limits_{n=1}^{\infty}a_n(x-1)^n$ 的收敛半径是 1,则级数在 $x=3$ 点 ( )

   A. 绝对收敛　　　　B. 条件收敛　　　　C. 发散　　　　　D. 不能确定

5. 将 $f(x) = \frac{1}{1+x}$ 展开成 $(x-2)$ 的幂级数时,其收敛域是 ( )

   A. $(-1, 5)$　　　　B. $(-1, 1)$　　　　C. $[-2, 4]$　　　　D. $[-1, 1]$

二、计算题

1. 求幂级数的收敛半径及收敛域

   (1) $\sum\limits_{n=1}^{\infty}\frac{(-1)^{n-1}}{3^n n}x^n$;

   (2) $\sum\limits_{n=1}^{\infty}\frac{2^n}{n}x^{2n}$.

2. 将函数 $f(x) = \cos^2 x$ 展开成 x 的幂级数.

3. 将 $f(x) = \dfrac{1}{x(x-1)}$ 展开成 $(x-3)$ 的幂级数.

本章测试题

一、选择题

1. 已知级数 $\sum_{n=1}^{\infty} u_n$ 的前 n 项和 $s_n = \sum_{k=1}^{n} u_k$，则下列命题正确的是 （　　）

   A. 若 s_n 有界，则 $\sum_{n=1}^{\infty} u_n$ 收敛

   B. 若 $\sum_{n=1}^{\infty} u_n$ 收敛，则 s_n 有界

   C. $\sum_{n=1}^{\infty} u_n$ 收敛的充分必要条件是 s_n 有界

   D. $\sum_{n=1}^{\infty} u_n$ 收敛的充分必要条件是 $\lim_{n\to\infty} s_n$ 存在

2. $\lim_{n\to\infty} u_n \neq 0$ 是级数 $\sum_{n=1}^{\infty} u_n$ 发散的 （　　）

   A. 充分条件

   B. 必要条件

   C. 充分必要条件

   D. 既非充分也非必要条件

3. 下列说法正确的是 （　　）

   A. 若级数 $\sum_{n=1}^{\infty} u_n$ 与级数 $\sum_{n=1}^{\infty} v_n$ 收敛，则级数 $\sum_{n=1}^{\infty} (u_n + v_n)^2$ 收敛

   B. 若级数 $\sum_{n=1}^{\infty} u_n$ 与级数 $\sum_{n=1}^{\infty} v_n$ 收敛，则级数 $\sum_{n=1}^{\infty} (u_n^2 + v_n^2)$ 收敛

   C. 若级数 $\sum_{n=1}^{\infty} u_n \cdot v_n$ 收敛，则级数 $\sum_{n=1}^{\infty} u_n$ 与 $\sum_{n=1}^{\infty} v_n$ 都收敛

   D. 若正项级数 $\sum_{n=1}^{\infty} u_n$ 与级数 $\sum_{n=1}^{\infty} v_n$ 都收敛，则级数 $\sum_{n=1}^{\infty} (u_n + v_n)^2$ 收敛

4. 幂级数 $\sum_{n=1}^{\infty} \frac{1}{n} x^n$ 的收敛域为 （　　）

   A. $[-1, 1]$ B. $(-1, 1]$

   C. $[-1, 1)$ D. $(-1, 1)$

5. 下列命题正确的是 （　　）

   A. 若级数 $\sum_{n=1}^{\infty} |u_n|$ 发散，则必有 $\lim_{n\to\infty} \left|\frac{u_{n+1}}{u_n}\right| < 1$

   B. 若级数 $\sum_{n=1}^{\infty} |u_n|$ 发散，则级数 $\sum_{n=1}^{\infty} u_n$ 必发散

C. 若级数 $\sum\limits_{n=1}^{\infty} u_n$ 收敛,则级数 $\sum\limits_{n=1}^{\infty} |u_n|$ 必收敛

D. 若级数 $\sum\limits_{n=1}^{\infty} |u_n|$ 收敛,则级数 $\sum\limits_{n=1}^{\infty} u_n$ 必收敛

二、计算题

1. 判断下列正项级数的收敛性

(1) $\sum\limits_{n=1}^{\infty} \dfrac{3^n}{n^3 \cdot 2^n}$;

(2) $\sum\limits_{n=1}^{\infty} \sin \dfrac{\pi}{2^n}$.

2. 判断下列级数是绝对收敛还是条件收敛

(1) $\sum\limits_{n=1}^{\infty} (-1)^{n-1} \dfrac{n}{3^{n-1}}$;

(2) $\sum\limits_{n=1}^{\infty} (-1)^{n-1} \dfrac{\ln n}{n!}$.

3. 求下列幂级数的收敛域

(1) $\sum_{n=1}^{\infty} \frac{2^n}{n^2} x^n$;

(2) $\sum_{n=1}^{\infty} (-1)^{n-1} \frac{x^n}{n}$.

4. 将函数 $y = x^2 e^x$ 展开成 x 的幂级数.

期末试卷

一、单项选择题（本大题共5小题，每小题3分，共15分）

1. 极限 $\lim\limits_{x\to 0}\dfrac{\ln(1+x^2)}{x\sin x}=$ （　　）

   A. 0　　　　B. 1　　　　C. 2　　　　D. ∞

2. $\int f'\left(\dfrac{1}{x}\right)\dfrac{1}{x^2}dx=$ （　　）

   A. $f\left(-\dfrac{1}{x}\right)+C$　　B. $-f\left(-\dfrac{1}{x}\right)+C$　　C. $f\left(\dfrac{1}{x}\right)+C$　　D. $-f\left(\dfrac{1}{x}\right)+C$

3. 设 $f(x,y)=x+(y-3)\arccos\sqrt{\dfrac{x}{y}}$，则 $f'_x(x,3)$ 为 （　　）

   A. 0　　　　B. 1　　　　C. 2　　　　D. 3

4. 过 x 轴及点 $(3,-1,2)$ 的平面方程是 （　　）

   A. $2y+z=0$　　B. $2y-z=0$　　C. $x+3y=0$　　D. $2x-3z=0$

5. 幂级数 $\sum\limits_{n=1}^{\infty}(-1)^{n+1}\dfrac{x^n}{n}$ 的收敛域为 （　　）

   A. $[-1,1]$　　B. $(-1,1]$　　C. $[-1,1)$　　D. $(-1,1)$

二、填空题（本大题共5小题，每小题3分，共15分）

1. 直线 $y=4x+b$ 是曲线 $y=x^2$ 的切线，则常数 $b=$ _____．
2. $d\ln(1+2x^2)=$ _____．
3. 微分方程 $y''-4y'+4y=0$ 的通解为 _____．
4. 设 $\boldsymbol{a}=3\boldsymbol{i}-\boldsymbol{j}-2\boldsymbol{k},\boldsymbol{b}=\boldsymbol{i}+2\boldsymbol{j}-\boldsymbol{k}$，则 $\boldsymbol{a}\times 2\boldsymbol{b}=$ _____．
5. 设 $z=x^3y-xy^3$，则 $dz=$ _____．

三、计算题（本大题共7题，每小题7分，共49分）

1. $\lim\limits_{x\to 0}\left(\dfrac{1}{x}-\dfrac{1}{e^x-1}\right)$．

2. $\begin{cases} x = \arctan t \\ y = \ln(1+t^2) \end{cases}$,求 y'.

3. $\int_0^1 e^{\sqrt{x}} dx$.

4. 求一阶微分方程 $xy' - y\ln y = 0$ 的通解.

5. 设 $z = e^{u-2v}$ 而 $u = \sin x, v = x^3$，求 $\dfrac{dz}{dx}$.

6. 计算由两条抛物线：$y^2 = x, y = x^2$ 所围成的图形的面积.

7. 计算 $\iint\limits_{D} 24xy\,dx\,dy$，区域 D 由曲线 $y = x^2$ 及直线 $y = x$ 所围成.

四、应用题（本大题共 2 小题，每小题 8 分，共 16 分）

1. 求函数 $f(x,y) = x^2 - xy + y^2 + 3x - 3y + 4$ 的极值.

2. 求经过点 $(-2,3,1)$，且平行于直线 $\begin{cases} 2x - 3y + z + 5 = 0 \\ x + 5y - 2z + 1 = 0 \end{cases}$ 的直线方程.

五、解答题(5分)

判断级数 $\sum\limits_{n=1}^{\infty}(-1)^n \dfrac{n}{3^{n-1}}$ 是否收敛,如果收敛是绝对收敛还是条件收敛.